physica status solidi

BAND 1 · HEFT 1 · 1961

AKADEMIE-VERLAG · BERLIN

Inhaltsverzeichnis

physica status solidi

Volume 1 · Number 1 to 7

1961

AKADEMIE-VERLAG · BERLIN

Subscriptions and orders for single copies should be addressed to

AKADEMIE-VERLAG GmbH, Berlin W 8, Leipziger Straße 3—4 or to Buchhandlung KUNST UND WISSEN, Erich Bieber, Stuttgart S, Wilhelmstr. 4—6 or to Deutsche Buch-Export und Import GmbH, Leipzig C 1, Postschließfach 276

Schriftleiter und verantwortlich für den Inhalt: Professor Dr. K. W. Böer, New York 12, N. Y., 2 Washington Square Village. Redaktionskollegium: Dr. S. Oberländer, Dr. E. Gutsche, W. Borchardt. Anschrift der Schriftleitung: Berlin C 2, Neue Schönhauser Str. 20, Fernruf: 422043. Verlag: Akademie-Verlag GmbH, Berlin W 8, Leipziger Str. 3—4, Fernruf: 220441, Telex-Nr. 011 773, Postscheckkonto: Berlin 35021. — Die Zeitschrift „physica status solidi" erscheint monatlich; Bezugspreis eines Heftes DM 6,—. Bestellnummer dieses Bandes: 1068/1. Gesamtherstellung: VEB Druckerei „Thomas Müntzer" Bad Langensalza. — Veröffentlicht unter der Lizenznummer ZLN 5536 des Ministeriums für Kultur.
Printed in Germany.

Contents

3. Short Notes

Author Index

physica status solidi

Band 1 · Heft 1 · Seite 1—94 und K 1 — K 32

1961

AKADEMIE-VERLAG · BERLIN

Bezugsmöglichkeiten

Albanien:	NDERMARJA SHETNORE BOTINEVE, Tirana
Bulgarien:	RAZNOIZOS, Sofia, Rue Tzar Assen 1
CSSR:	ARTIA AG, Praha II, Ve Smeckách 30
Deutschland:	AKADEMIE-VERLAG GmbH., Berlin W 8, Leipziger Straße 3—4 oder Buchhandlung KUNST UND WISSEN, Erich Bieber, Stuttgart S, Wilhelmstr. 4/6
Österreich:	GLOBUS-Buchvertrieb, Wien I, Salzgries 16
Polen:	CHZ Prasa i Ksiazka, Warszawa, ul. Koszykowa 31
Rumänien:	CARTIMEX, Bukarest, Strada A. Briand 14—18
UdSSR:	Международная книга, Москва, смоленская сенная пл. 32—34
Ungarn:	KULTURA: Ungarisches Außenhandelsunternehmen für Bücher und Zeitungen, Budapest 62, P. O. B. 149
Alle übrigen Länder:	Deutscher Buch-Export und Import GmbH Leipzig C 1, Postschließfach 276

Schriftleiter und verantwortlich für den Inhalt: Professor Dr. K. W. Böer, Berlin-Spandau, Schnepfenreuther Weg 27a, Fernruf: 37 14 27. Anschrift der Schriftleitung: Berlin C 2, Neue Schönhauser Str. 20, Fernruf: 42 33 80. Verlag: Akademie-Verlag GmbH Berlin W 8, Leipziger Str. 3—4, Fernruf: 22 04 41, Telex-Nr. 011 773, Postscheckkonto: Berlin 350 21. — Die Zeitschrift „physica status solidi" erscheint monatlich; Bezugspreis dieses Heftes DM 6,—. Bestellnummer dieses Heftes: 1068/1/1. Gesamtherstellung: VEB Druckerei „Thomas Müntzer" Bad Langensalza. — Veröffentlicht unter der Lizenznummer ZLN 5536 des Ministeriums für Kultur. Printed in Germany.

Zusammenfassender Bericht

Institut für theoretische und angewandte Physik der Technischen Hochschule Stuttgart

Die neuen Konzeptionen der Kontinuumsmechanik der festen Körper [1])

Herrn Professor Dr.-Ing. ULRICH DEHLINGER zu seinem 60. Geburtstag gewidmet.

Von
EKKEHART KRÖNER

1. Einführendes

Bekanntlich ist jede Materie aus Atomen aufgebaut, die man näherungsweise als Massenpunkte ansehen kann, die mit irgendwelchen Kräften aufeinander einwirken. Das menschliche Auge mit seinem geringen Auflösungsvermögen sieht die Materie jedoch so, als wäre ihre Masse kontinuierlich verteilt, es mittelt sozusagen über die Massenschwankungen hinweg. Theorien, die es ebenso machen, bei denen sämtliche vorkommenden Größen in dem obigen Sinn gemittelt sind, bezeichnet man als phänomenologische Theorien oder Kontinuumstheorien. Als das Ziel der Kontinuumsmechanik des festen Körpers, mit der wir uns beschäftigen wollen, hat man die möglichst exakte phänomenologische Beschreibung des mechanischen Verhaltens beliebiger Festkörper in irgendwelchen physikalischen Situationen anzusehen.

Die bis heute durchgeführten kontinuumsmechanischen Untersuchungen betreffen im wesentlichen drei fundamentale mechanische Eigenschaften der Festkörper:

a) *die Elastizität* b) *die Plastizität* c) *die Viskosität.*

Kein realer Festkörper zeigt in Strenge nur eine dieser drei Eigenschaften. Man kann daher, genau genommen, nur im Sinn eines idealisierten Grenzfalles von einem elastischen, plastischen oder viskosen Körper sprechen, etwa dann, wenn für das betreffende Problem die eine der drei Eigenschaften verglichen mit den beiden anderen überragende Bedeutung hat. In sehr vielen Fällen sind zwei Eigenschaften gleichzeitig wichtig, man spricht dann vom elasto-plastischen, vom visko-elastischen oder vom visko-plastischen Körper. Für einen bestimmten Stoff hängt die Wichtigkeit der Eigenschaften oft stark von äußeren Bedingungen wie Temperatur, Größe der angebrachten Lasten, Verformungsgeschwindigkeit usw. ab. Z. B. reagiert Blei bei höheren Temperaturen gegenüber angebrachten Lasten viskos, bei tiefen Temperaturen elastisch oder plastisch, je nach Größe der Lasten. Andere Stoffe, insbesondere Kunststoffe, reagieren bei raschen Vorgängen elastisch, bei langsamen viskos.

In den nächsten beiden Ziffern sollen Erläuterungen zu den drei Grundeigenschaften gegeben werden. Ab Ziffer 4 werden dann die neuen Konzeptionen behandelt.

---

[1]) Dieser Aufsatz stellt die Ausarbeitung eines am 31. 8. 1960 auf dem X. Internationalen Kongreß für angewandte Mechanik in Stresa gehaltenen Vortrags dar. In der vorliegenden Fassung wurde er am 8. 11. 1960 als Antrittsvorlesung an der T. H. Stuttgart gebracht.

2. Elastizität

Als erstes in sich geschlossenes Teilgebiet der Kontinuumsmechanik des Festkörpers entstand das, was wir heute als *klassische Elastizitätstheorie* bezeichnen. Sie lag um 1830 in ihrer linearisierten, d. h. auf kleine Verformungen beschränkten Form nahezu fertig vor. Die Erweiterung auf beliebig große Verformungen erfolgte vornehmlich in diesem Jahrhundert und darf als weitgehend gelungen angesehen werden.

Die in der klassischen Elastizitätstheorie verwendeten Vorstellungen sind die folgenden: An dem betreffenden Körper werden in irgendeiner Verteilung von außen her Kräfte, etwa in Form von Lasten angebracht. Diese führen zu einer noch genauer zu definierenden Verformung des Körpers, die dann elastisch genannt wird, wenn sie völlig verschwindet, wenn man die Lasten wieder entfernt und etwa übrig bleibende Schwingungen abstoppt.

Ursache der Elastizität ist die Kohäsion der Materie, die jede Änderung des Abstands zweier Punkte mit Reaktionskräften beantwortet, die bestrebt sind, die alten Positionen der Materiepunkte zu erhalten. Diese Vorstellung legt es nahe, die Elastizität eines Stoffes dadurch zu kennzeichnen, daß man angibt, welche Reaktionskräfte sich in ihm bei einer irgendwie genormten Abstandsänderung zweier benachbarter Punkte ergeben. In diesem Vorgehen sehen wir die wichtigste Konzeption der klassischen Elastizitätstheorie. Sie führt unmittelbar zur Definition der fundamentalen Begriffe Deformation und Spannung.

Zunächst teilen wir den Gesamtkörper gedanklich in einzelne Volumenelemente ein, von denen jedes zwar im Sinn der früher genannten Mittelung über die atomaren Schwankungen noch sehr viele Atome enthält; andererseits soll es aber doch so klein im Vergleich zu den äußeren Abmessungen des Körpers sein, daß man es als makroskopisch infinitesimal (d. h. für das Auge nicht mehr einzeln erkennbar) ansehen kann. Den Ort jedes Volumenelements beschreiben wir mit kartesischen Koordinaten x_1, x_2, x_3 (zusammengefaßt x_k; $k = 1, 2, 3$).

Um die Deformation eines solchen Volumenelements zu kennzeichnen, könnten wir die durch die Verformung erfolgten Abstandsänderungen aller Punkte innerhalb des Elements angeben. Dieses Vorgehen wäre höchst kompliziert. Tatsächlich ist es möglich, sechs Größen ε_{kl} ($= \varepsilon_{lk}$; $k, l, = 1, 2, 3$) anzugeben, aus denen die genannten Abstandsänderungen sämtlich berechnet werden können. (Voraussetzung hierfür ist, daß die Abstandsänderungen in dem Volumenelement homogen, d. h. gleichmäßig verteilt sind, was eine hinreichende Kleinheit des Elements erfordert). Man nennt die ε_{kl} die Komponenten des *Eulerschen Deformationstensors*. In der Möglichkeit, den deformierten Zustand eines Volumenelements durch nur sechs Zahlen vollständig zu kennzeichnen, liegt u. a. die Genialität der Einführung des Tensorbegriffs. Die Gesamtheit der allen Volumenelementen zugeordneten Deformationstensoren bezeichnet man als Tensor*feld* der Deformation.

Zu einer ähnlich zweckmäßigen Beschreibung der Reaktionskräfte verwendet man — wiederum nach Euler — den Begriff des Spannungstensors: Man denkt sich längs einer z. B. senkrecht zu einer Koordinatenrichtung i ($i = 1, 2, 3$) orientierten infinitesimalen Fläche df_i am Orte x_k einen Schnitt geführt, wodurch die zuvor durch diese Fläche wirkenden Reaktionskräfte in Wegfall kommen sollen. Im allgemeinen werden die beiden Schnittufer nun auseinanderklaffen (etwa wie bei einem Einschnitt in einem elastisch gebogenen Stab). Soll dies nicht geschehen, so hat man in den Schnittufern Kräfte anzubringen, die gleich den vorher dort wirkenden Reaktionskräften sind. Die auf das Flächenelement df_i bezogene

Resultierende dp_j $(j = 1, 2, 3)$ dieser Kräfte, also dp_j/df_i, bezeichnet man als die Komponenten σ_{ij} des Spannungstensors. Die Kenntnis dieses Tensors bedeutet, wie man sich leicht klar macht, die vollständige Kenntnis der Reaktionskräfte am Orte x_k.

Wir sind jetzt in der Lage, jedem durch die Koordinaten x_k beschriebenen Volumenelement Deformationen ε_{kl} und Spannungen σ_{ij} zuzuordnen. Wenn nun die Reichweite der Reaktionskräfte beträchtlich kleiner ist als die endliche Ausdehnung der Volumenelemente kann man erwarten, daß zu jeder Deformation ε_{kl} eines Volumenelements eindeutig eine Spannung σ_{ij} gehört und umgekehrt, wobei die Beziehung zwischen diesen Größen für das betreffende Material charakteristisch ist. Man bezeichnet diese Beziehung als das Materialgesetz oder das Elastizitätsgesetz (auch Konstitutivgesetz). Es kann von Stoff zu Stoff sehr verschieden sein.

Wäre die genannte Voraussetzung über die Reichweite der Reaktionskräfte nicht erfüllt, so würden offenbar die Spannungen in einem Volumenelement nicht nur von *dessen* Deformation, sondern von der Situation sämtlicher Volumenelemente abhängen. In der Sprache der modernen Physik wäre die Elastizitätstheorie dann eine *nichtlokale* Feldtheorie und damit erheblich komplizierter. Zum Glück sind die Kohäsions- bzw. Reaktionskräfte in allen bekannten Fällen so kurzreichend, daß die Elastizitätstheorie als *lokale* Feldtheorie absolut gerechtfertigt erscheint. Dies erklärt u. a. die bekannte Tatsache, daß man zwei feste Körper nicht durch Zusammenpressen zu einem Körper vereinigen kann. Denn es ist unmöglich, zwei Flächen so gleichmäßig zu schleifen oder zu polieren, daß man sie einander *überall* auf etwa einen Atomabstand nähern kann.

Zu dem Materialgesetz treten zwei weitere Gesetze. Das erste ist das Grundgesetz der Newtonschen Mechanik, welches für unsere Theorie besagt, daß sich die Reaktionskräfte immer so ausbilden, daß sie an jeder Stelle des Körpers mit den äußeren Kräften und gegebenenfalls den Trägheitskräften zusammen ein Gleichgewichtssystem darstellen. Es muß Kräfte- und Momentengleichgewicht bestehen. Die zweite Forderung schreibt sich als Vorschrift für den Spannungstensor: Dieser muß symmetrisch sein $(\sigma_{ij} = \sigma_{ji})$. Wir nennen das eben diskutierte Gesetz das statische bzw. dynamische Grundgesetz, je nachdem, ob wir statische oder dynamische Vorgänge haben.

Die Notwendigkeit eines dritten Gesetzes, des geometrischen Grundgesetzes, sieht man leicht wie folgt ein: Schreibt man jedem Volumenelement sechs Deformationen ε_{kl} zu, so daß die ε_{kl} makroskopisch stetige Funktionen des Ortes x_k, sonst aber beliebig sind, so erhält man bei der Durchführung solcher Verformungen im allgemeinen Risse und Lücken zwischen den Volumenelementen (Fig. 1), der Körper verliert also die geforderte Eigenschaft der Kontinuität. Um dies zu verhindern hat man die Deformationen einem sog. Kompatibilitätsgesetz (Verträglichkeitsgesetz) zu unterwerfen, welches für die Erhaltung der Kontinuität sorgt. Es ist für das weitere sehr interessant, daß sich dieses Gesetz am einfachsten so schreibt, daß ein bestimmter Tensor, nämlich der zu den Deformationen gehörige Einstein-Tensor Γ_{ij}, verschwindet. Wir werden hierauf und auf die damit verbundene Analogie zur allgemeinen Relativitätstheorie noch zurückkommen.

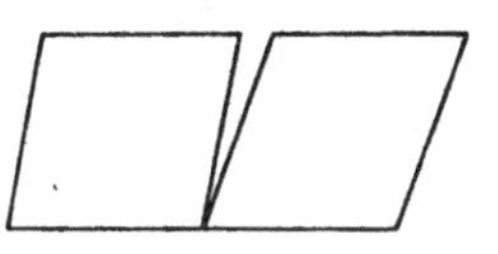

Fig. 1. Beispiel für die Zerstörung der Kontinuität bei verschiedener Schubverformung zweier benachbarter Volumenelemente

Das geometrische Grundgesetz hat zur Folge, daß der Deformationstensor sehr speziell wird, nämlich daß er sich aus einem Vektorfeld der Verschiebungen der

Punkte des Kontinuums ableiten läßt. Jeder Vektor enthält nur drei Komponenten gegenüber den sechs Komponenten des symmetrischen Tensors. Somit sind wir in der Lage, geometrisch den Zustand des deformierten Körpers mit Hilfe von nur drei Funktionen des Ortes zu beschreiben. Wir sagen deshalb auch: Die klassische Elastizitätstheorie ist eine Theorie mit drei funktionalen Freiheitsgraden.

Fassen wir zusammen: Das mechanische Verhalten des elastischen Körpers wird durch drei Grundgesetze bestimmt:

Das Materialgesetz (I)

Das statisch-dynamische Gesetz (Gleichgewicht) (II)

Das geometrische Gesetz (Kontinuität). (III)

3. Plastizität und Viskosität

Auch für die Plastizität und die Viskosität gelten, passend interpretiert, die Grundgesetze II und III. Die verschiedenen Theorien unterscheiden sich also im wesentlichen durch das Materialgesetz.

Die Plastizität eines Festkörpers tritt in Erscheinung, wenn bei hinreichend starker äußerer Belastung die Reaktionskräfte oder Spannungen irgendwo so stark werden, daß die Kohäsionsfähigkeit der Materie überschritten wird. Dann setzt an der betreffenden Stelle Fließen ein, d. h. es finden Verformungen statt, die nicht mehr bei Abnahme der Lasten zurückgehen. Wenn die Spannungen, welche ein Volumenelement gerade zum Fließen bringen, von der Vorgeschichte, insbesondere von den bereits zuvor stattgefundenen plastischen Deformationen, nicht abhängen, spricht man von einem ideal plastischen Körper. Dieser tritt in der Natur höchst selten auf. Im allgemeinen hat man die für den Unterschied zwischen Plastizität und Viskosität charakteristische wichtige Erscheinung der Verfestigung, die bedeutet, daß das Material mit zunehmender Verformung weiterem Fließen verstärkten Widerstand entgegensetzt. Auf das zugehörige Plastizitätsgesetz wird noch eingegangen.

Viskose Körper schließlich fließen bei noch so geringen Spannungen, wobei die Fließgeschwindigkeit von der Spannung abhängt. Unter Spannung wird hier nicht die elastische, sondern die sich während des Fließvorgangs ausbildende Reibungsspannung verstanden, die ihrerseits wieder durch die Deformationsgeschwindigkeit bestimmt ist. Man hat also im Falle viskoser Körper ein Materialgesetz, das nicht, wie bei elastischen Körpern Spannungen und Deformationen verbindet, sondern Spannungen und Deformationsgeschwindigkeiten. Ein solches Gesetz wurde schon von Newton vorgeschlagen. Mit viskosen Körpern wollen wir uns hier nicht beschäftigen, sie wurden nur vollständigkeitshalber erwähnt.

4. Inkompatibilität

Die Notwendigkeit zu einer Erweiterung des Kompatibilitätsgesetzes, also des geometrischen Grundgesetzes der Elastizitätstheorie, war wohl zuerst aus einer Arbeit von Reissner (1930) über Eigenspannungsquellen zu entnehmen [1], der die physikalische Realität inkompatibler Deformationen besprach und bemerkte, daß das Kompatibilitätsgesetz mit der Existenz von Eigenspannungen, das sind elastische Spannungen, die auch ohne äußere Kräfte bestehen können, im Widerspruch stand. Konkretere Form nahm die so zu begründende Vorstellung der Inkompatibilität durch die Arbeiten von Moriguti [2] und Eckart [3] (1948/49) sowie später von Eshelby [4] und Kröner [5] an.

Betrachten wir einen reinen Stoff, z. B. Eisen, in einem Deformationszustand, der durch sechs beliebige stetige Funktionen ε_{kl} des Ortes beschrieben sei. Wie schon bemerkt, passen dann im allgemeinen die Volumenelemente des Körpers nicht lückenlos aneinander, die Forderung der Kontinuität des deformierten Körpers ist nicht erfüllt. Als Maß der Nichterfüllung des Kompatibilitätsgesetzes geben wir an, wie stark die Komponenten des früher genannten Einstein-Tensors Γ_{ij}, die sich aus Ableitungen der Deformationen zusammensetzen, von Null verschieden sind. Wir schreiben etwa

$$\Gamma_{ij}(\varepsilon_{kl}) = B_{ij}\,. \tag{1}$$

Nun denken wir uns die infinitesimalen Lücken zwischen den Volumenelementen mit sogenannter Fremd- oder Extramaterie ausgefüllt, d. h. mit Materie einer vom ursprünglichen Körper (Eisen) verschiedenen Art, z. B. mit Kohlenstoff. Danach ist der Gesamtkörper wieder lückenlos, d. h. ein Kontinuum geworden. Offenbar ist das Tensorfeld B_{ij} ein Maß der Fremdmaterie, wir nennen B_{ij} die Komponenten des Materietensors. Damit erhält das erweiterte geometrische Grundgesetz (1), das, abgesehen von der bis jetzt nicht behandelten Zeitkoordinate, exakt die Form der Einsteinschen Grundgleichungen der allgemeinen Relativitätstheorie, hat, auch eine ganz entsprechende Interpretation.

Um dies etwas besser zu verstehen wollen wir uns vorstellen, daß der reine Stoff (Eisen) zunächst als idealer Kristall, also mit einer völlig regelmäßigen Anordnung seiner Atome als dreidimensionales Punktgitter, vorliegt. Die Atomreihen in diesem Gitter stellen gewissermaßen natürliche Maßstäbe dar, mit denen man die Entfernung irgendwelcher Punkte zweckmäßig mißt. Durch das Einfüllen der Fremdmaterie werden die Atomreihen gekrümmt, und zwar im allgemeinen dort am stärksten, wo am meisten Fremdmaterie sitzt. Doch wird offenbar eine Krümmung der Atomreihen (Maßstäbe) auch an Stellen ohne Fremdmaterie beobachtet, da die elastischen Deformationen erst in größerem Abstand von der eingezwängten Fremdmaterie allmählich abklingen.

Diese Beschreibungsweise des Fremdmaterie-Effektes erinnert stark an die Einsteinsche Beschreibung des Weltalls in der allgemeinen Relativitätstheorie, wenn man etwa das reine Kontinuum zum leeren Weltall in Analogie setzt und die Fremdmaterie zur Materie (z. B. den Sternen) im Weltall. In Übertragung der Sprache der allgemeinen Relativitätstheorie auf die Kontinuumsmechanik kann man etwa sagen, daß durch die Fremdmaterie das zunächst Euklidische Kontinuum eine Einsteinsche Krümmung erhält. In diesem gekrümmten Kontinuum sollte sich die Fremdmaterie (z. B. Kohlenstoffatome), solange keine andersartigen Kräfte auf sie einwirken, längs der geodätischen Linien bewegen, wie es z. B. die Sterne im gekrümmten Weltall tun. Auf diese Analogie wird später noch einmal eingegangen.

Die Lösung der Einsteinschen Gleichungen, also des erweiterten Grundgesetzes III, bedeutet im Verein mit der Lösung der beiden unveränderten Grundgesetze I und II die Bestimmung der zu einer Verteilung B_{ij} von Fremdmaterie gehörigen Spannungen σ_{ij} bzw. der Deformationen ε_{kl}. Letztere sind nun aber nicht mehr aus einem Vektorfeld der Verschiebungen ableitbar, sondern es sind vielmehr je nach der Verteilung B_{ij} beliebige Funktionen ε_{kl} möglich. Das bedeutet, daß die Zahl der funktionalen Freiheitsgrade der inkompatiblen Elastizitätstheorie sechs gegenüber den drei Freiheitsgraden der klassischen Theorie beträgt. In Ziffer 5 werden wir sehen, daß es außer der Fremdmaterie noch eine weitere Möglichkeit für inkompatible Deformationen gibt.

5. Strukturkrümmung und Momentenspannung

Um die Notwendigkeit zur Diskussion weiterer Konzeptionen zu erläutern, sei auf den atomaren Aufbau der Festkörper näher eingegangen, dem durch die zu Anfang erwähnte Mittelung noch nicht genügend Rechnung getragen wurde. Tatsächlich hat er einen tiefergreifenden Einfluß auf viele makroskopische mechanische Phänomene. Dies rührt von der überaus starken Tendenz der Atome her, regelmäßige Anordnungen zu bilden, d. h. sich zu kleinen Kriställchen zusammenzuschließen. Abgesehen von den makromolekularen Kunststoffen sind die meisten unserer heutigen Gebrauchswerkstoffe in mikroskopischen Bereichen, den sog. Körnern oder Kristalliten, kristallin aufgebaut. Nur mit solchen Stoffen werden wir uns in dieser Zusammenfassung befassen. Es ist eine der grundlegenden Erkenntnisse der Festkörperphysik, daß der mikrokristalline Aufbau einerseits und die Fehler in diesem Aufbau andererseits für die Eigenschaften und damit das Verhalten solcher Festkörper maßgebend sind.

Es soll jetzt gezeigt werden, daß die eben begründete geometrische Struktur der Materie, realisiert durch den kristallinen Aufbau, Anlaß zu 9 weiteren geometrischen Freiheitsgraden gibt, deren Einführung uns einen neuen Fortschritt bringt.

Aus röntgenographischen Untersuchungen ist seit etwa zehn Jahren bekannt, daß plastisch gebogene oder tordierte Körper, die bei geeigneter Versuchsführung nach Wegnahme der verformenden Kräfte näherungsweise frei von makroskopischen Spannungen und elastischen Deformationen sind, eine makroskopisch stetige Biegung oder Torsion (zusammengefaßt: Krümmung[2])) ihrer geometrischen Struktur zeigen. Diese Strukturkrümmungen, die wir durch das in l, k antisymmetrische Symbol h_{mlk} beschreiben wollen, sind derart realisiert, daß Kristallbereiche, deren Dimensionen weit unter denjenigen der makroskopischen Volumenelemente liegen, gegeneinander um kleinste Winkel verdreht sind. Fig. 2 zeigt eine solche Relativdrehung zweier Nachbarbereiche, für die das Aufhören von

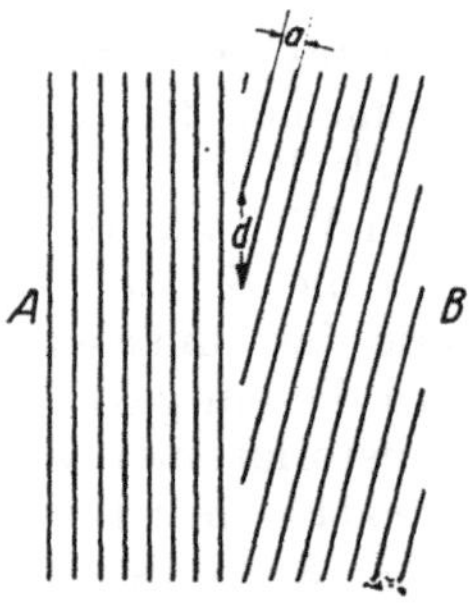

Fig. 2

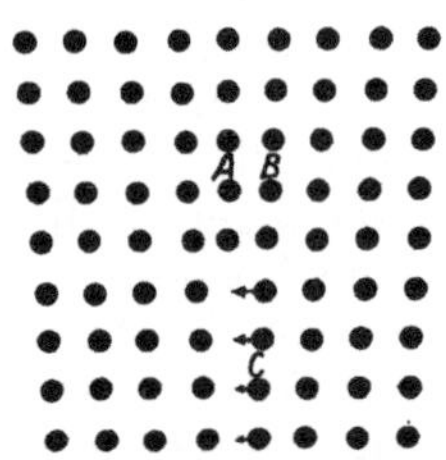

Fig. 3

Fig. 2. Modell einer sogenannten Feinkorngrenze. Die Kristallbereiche A und B, schematisch durch ihre Atomebenen dargestellt, unterscheiden sich etwas in ihrer Orientierung. Die senkrecht zur Papierebene verlaufenden Randlinien der aufhörenden Atomebenen heißen Stufenversetzungen. Ihr Abstand d bestimmt im wesentlichen den Orientierungsunterschied Θ ($\sin \Theta = a/d$). Die in der Nähe der Versetzung stattfindenden Verbiegungen der Atomebenen sind nicht mitgezeichnet. Siehe hierzu Fig. 3

Fig. 3. Die einzelne Stufenversetzung. Die Atomebenen sind hier in einzelne, die Papierebene durchstoßende Atomgeraden aufgelöst. Die Atome unterhalb der Versetzung haben große Beweglichkeit. Insbesondere kann die senkrecht zur Papierebene verlaufende Atom-Halbebene C unter Einfluß einer passenden Schubspannung leicht den durch die Pfeile angedeuteten Schritt machen, wonach die Halbebene B an Stelle von A die von der Versetzungslinie begrenzte Halbebene wird: Die Versetzung wandert um einen Atomebenenabstand nach rechts. Dies ist der Elementarakt der plastischen Verformung

[2]) Dieser neue Typ von Krümmungen darf keinesfalls mit den in der letzten Zf. besprochenen Einsteinschen Krümmungen verwechselt werden.

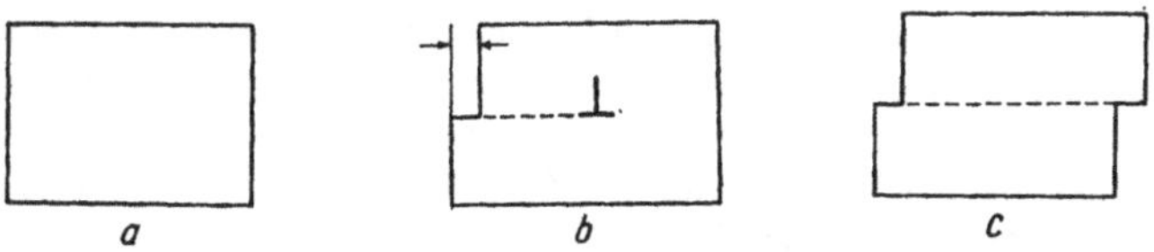

Fig. 4. Kristall vor (a), während (b) und nach (c) Durchwanderung einer Stufenversetzung ⊥. Das Versetzungssymbol ⊥ soll Gleitebene (—) und aufhörende Atomebene (|) kennzeichnen

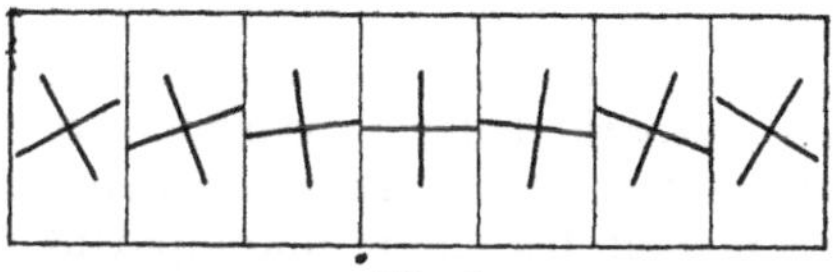

Fig. 5

Fig. 6

Fig. 5. Die Orientierung ist hier durch Kreuze symbolisiert. Bei makroskopischer Beobachtung können die einzelnen Bereiche nicht mehr aufgelöst werden, man beobachtet eine stetige Krümmung der kristallinen Struktur

Fig. 6. Zur Entstehung der makroskopischen Momentenspannungen aus mikroskopischen Kraftspannungen. Soll bei einem Schnitt neben der jetzt symbolisch dargestellten Versetzungswand (Feinkorngrenze) z. B. das linke Schnittufer unbewegt bleiben, so hat man Kräfte von dem gezeichneten Typ anzubringen. Diese Kräfte haben über eine makroskopische Fläche nur ein resultierendes Moment

Atomebenen in der Grenzfläche charakteristisch ist. Man nennt heute die Randlinie einer im Innern eines Kristalls aufhörenden Atomebene eine Versetzung (Dislokation), und zwar eine Stufenversetzung (Fig. 3). Den zweiten Typ, die Schraubenversetzung, werden wir nicht betrachten, da sich hieraus keine neuen Gesichtspunkte ergeben.

Der für die Festkörperphysik fundamentale Begriff der Versetzung wurde nach Vorarbeiten von Prandtl [6] und Dehlinger [7], von Taylor [8], Orowan [9] und Polanyi [10] eingeführt. Die große Bedeutung der Versetzung besteht darin, daß sie bei ihrer Wanderung durch einen Kristall dessen beide durch die Wanderfläche (Gleitfläche) getrennten Bereiche um einen Atomabstand gegeneinander abschert (Fig. 4). Dies ist der Elementarvorgang der plastischen Verformung.

Nach Burgers [11] und Bragg [12] kann man die Grenzfläche zwischen zwei verdrehten Kristallbereichen außer durch den Orientierungsunterschied auch durch die Dichte der Versetzungen in der Grenzfläche charakterisieren. Hat man viele solcher Grenzflächen im Kristall regelmäßig angeordnet, so entspricht den Orientierungsdifferenzen offenbar eine makroskopisch stetige und spannungsfreie Krümmung der Kristallstruktur (Fig. 5), die auch durch eine makroskopisch stetige Versetzungsverteilung in zwei Dimensionen beschrieben werden kann. Die insbesondere von Nye 1953 [13] herausgearbeitete Äquivalenz von Strukturkrümmung und Versetzungsdichte ist grundlegend für die Kontinuumsmechanik des Festkörpers. Sie gilt auch für Vielkristalle.

In der Nähe der Versetzung können die Atome nicht mehr eine ideale Kristallposition einnehmen. Es kommt zu Deformationen, die beiderseits einer Versetzung das Vorzeichen wechseln, z. B. in Fig. 3 oberhalb eine Verengung, unterhalb eine Aufweitung bedeuten. Mit diesen Deformationen sind natürlich Reaktionskräfte verbunden, die jedoch auf submikroskopischen Strecken ihr Vorzeichen wechseln und daher im makroskopischen Schnittversuch nicht bemerkt werden. In Erscheinung tritt makroskopisch vielmehr ein resultierendes Drehmoment dm_j in der Schnittfläche df_i (Fig. 6), mit Hilfe dessen wir wie früher mit Hilfe der Reaktionskräfte dp_j einen neuen makroskopischen Tensor mit den Komponenten $\tau_{ij} = dm_j/df_i$ definieren. Da man anstelle von Kräften an der Schnittfläche Momente anbringt, möchte ich ihn als Momentenspannungstensor bezeichnen und entsprechend den üblichen Spannungstensor manchmal als Kraftspannungstensor. Es ist leicht zu sehen, daß das Produkt von Strukturkrümmung und Momentenspannung genau wie das Produkt von Deformation und Spannung die Dimension einer Energiedichte hat.

Bemerkenswerterweise haben bereits die Gebr. Cosserat [14] vor über 50 Jahren eine die Begriffe Strukturkrümmung und Momentenspannung (nicht aber Versetzung) enthaltende Theorie entwickelt, die allerdings kaum beachtet wurde, weil mit ihr kein physikalisches Geschehen verbunden werden konnte. Den engen Zusammenhang mit der Versetzungstheorie hat zuerst Günther 1958 [15] entdeckt. Indessen erwies sich die Cosseratsche Theorie in ihrer ursprünglichen Form als wesentlich zu eng, da sie die Ableitbarkeit der Tensorfelder der Deformation und Krümmung aus den Vektorfeldern der Verschiebungen und Verdrehungen voraussetzte. Im allgemeinen Fall hat man inkompatible Deformationen und Krümmungen (6 + 9 funktionale Freiheitsgrade), d. h. man benötigt in der zu entwickelnden Kontinuumsmechanik 15 Funktionen des Ortes, um den Zustand des Körpers geometrisch vollständig festzulegen. Auf dieselbe Zahl kommt man bei der statischen Beschreibung, nämlich hier sind es die sechs Kraftspannungen und die neun Momentenspannungen.

Die Einführung der neun Freiheitsgrade bedeutet eine außerordentliche Erweiterung der durch die Kontinuumsmechanik zu erfassenden Probleme. Hierzu wird in Ziffer 7 noch einiges gesagt werden. Andererseits sieht es zunächst so aus, als würden die 15 Freiheitsgrade gegenüber den dreien der klassischen Elastizitätstheorie eine große Komplikation bedeuten. Tatsächlich ist diese jedoch relativ harmlos, da für die meisten Probleme keineswegs alle 15 Freiheitsgrade auch wirklich herangezogen werden müssen, sondern je nach dem besonderen Fall nur eine bestimmte, kleinere Anzahl.

Die Einführung der neuen Freiheitsgrade bedingt eine Erweiterung aller drei Grundgesetze. Zunächst wird das Materialgesetz, das in der klassischen und auch in der inkompatiblen Elastizitätstheorie Spannungen und Deformationen verbindet, zu einem Gesetz, das erlaubt, die Kraft- und Momentenspannungen in die Deformationen und Strukturkrümmungen umzurechnen und umgekehrt. Die mathematische Form dieses Gesetzes ist zur Zeit noch nicht ausgearbeitet.

Das statisch dynamische Grundgesetz erhält in dem Teil eine allgemeinere Form, der das Momentengleichgewicht beinhaltet. Dadurch wird insbesondere die Symmetrie des Kraftspannungstensors aufgehoben. (Wie man jedoch zeigen kann, ist der jetzt hinzukommende antisymmetrische Teil durch den symmetrischen Teil und durch die Momentenspannungen bereits bestimmt, so daß die drei Freiheitsgrade des antisymmetrischen Teils von σ_{ij} nicht zählen.)

Ganz besondere Aufmerksamkeit hat in den letzten Jahren das geometrische Grundgesetz gefunden, wobei sich die differentialgeometrische Beschreibungsweise des Kontinuums als äußerst nützlich und elegant erwiesen hat. Den Anstoß zu dieser Entwicklung gab die fundamentale Entdeckung von Kondo [16] sowie Bilby, Bullough und Smith [17], wonach der Begriff der Versetzungsdichte dem von Cartan [18] schon im Jahre 1923 gefundenen differentialgeometrischen Begriff der Torsion entspricht, sofern man das Kontinuum als einen materiellen sog. *linearen* Raum im Sinne der höheren Differentialgeometrie auffaßt.

Die linearen Räume können sehr verschiedener Natur sein. Besonders bekannt sind z. B. der Euklidische und der Riemannsche Raum. Man hat in der Differentialgeometrie bereits vor geraumer Zeit eine sehr zweckmäßige Beschreibungsweise der verschiedenen Arten von linearen Räumen eingeführt, nämlich die sog. *lineare* oder *affine Konnexion*, auch *Affinität* genannt, der das Symbol Γ_{mlk} zugeordnet wird. Vor CARTAN wurde überall die Symmetrie von Γ_{mlk} in m, l vorausgesetzt. Doch hat, wie wir heute wissen, eine in m, l antisymmetrische Konnexion sehr wohl physikalische Bedeutung, nämlich die Bedeutung einer Versetzungsdichte. CARTAN sprach von einer Torsion.

Die Konnexion Γ_{mlk} gibt an, wie sich ein Vektordreibein bei einer sog. Levi-Civitá-Parallelverschiebung von einem Volumenelement zu seinen Nachbarelementen (d. h. um dx_m) deformiert und verdreht [19]. Angewandt auf unser Kontinuum bedeutet die Kenntnis der Konnexion zunächst die Kenntnis der Relativdeformation $d\varepsilon_{kl}$ und -Drehung $d\omega_{kl}$ zwischen benachbarten Volumenelementen. Nun folgt aus der Existenz der differentiellen Größen (z. B. $d\varepsilon_{kl}$ bzw. $d\omega_{kl}$) die eindeutige Existenz der integralen Größen (z. B. ε_{kl} bzw. ω_{kl}) in der ganzen Physik dann und nur dann, wenn die letzteren *Zustandsgrößen* sind, d. h. im Prinzip jederzeit unabhängig von der Vorgeschichte eindeutig gemessen werden können. Verlangt man dies für ε_{kl} wie für ω_{kl}, so erhält man gewisse Vorschriften für die Konnexion Γ_{mlk}. Damit zunächst die Zustandsgrößen ε_{kl} existieren, ist notwendig, daß der in l, k symmetrische Teil des aus der Konnexion Γ_{mlk} gebildeten *Riemann-Christoffelschen Krümmungstensors* Γ_{nmlk} verschwindet. Bei Existenz der ε_{kl} heißt das Kontinuum auch *metrisch*, die Konnexion läßt sich dann (notwendig und hinreichend) in einfacher Weise aus den Ableitungen der Deformationen ε_{kl} und aus den Strukturkrümmungen h_{mlk} zusammensetzen:

$$\Gamma_{mlk} = -(\partial\varepsilon_{kl}/\partial x_m + \partial\varepsilon_{mk}/\partial x_l - \partial\varepsilon_{lm}/\partial x_k) + h_{mlk}\,. \tag{2}$$

Die Zahl ihrer funktionalen Freiheitsgrade wird dabei von 27 auf 15 eingeschränkt. Die entsprechende Bedingung für ω_{kl} verlangt (notwendig und hinreichend) das Verschwinden des in l, k antisymmetrischen Teils des Riemann-Christoffelschen Krümmungstensors. Mit diesem Anteil ist der sog. Einstein-Tensor Γ_{ij} äquivalent. Die entscheidende Überlegung ist nun die folgende:

Die in $d\omega_{kl}$ enthaltenen Relativdrehungen betreffen die mit elastischen Deformationen automatisch verbundenen Drehungen (Beispiel: elastische Biegung und Torsion des Balkens), ferner die durch Versetzungen, wie früher erklärt, vermittelten Drehungen. Nicht enthalten ist dagegen in $d\omega_{kl}$ eine solche Relativdrehung, die z. B. zu einer keilförmigen Lücke zwischen zwei benachbarten Volumenelementen führt. Die Kontinuitätsstörung durch diese Lücke kann man sich durch Einführen von Fremdmaterie behoben denken.

Die Existenz dieser dritten Art von Drehung bedeutet, daß eine nur die ersten zwei Drehungen umfassende Größe ω_{kl} bei Anwesenheit von Fremdmaterie prinzipiell nicht eindeutig meßbar ist, also in diesem Fall keine Zustandsgröße darstellt. Folglich kann das Verschwinden des Einstein-Tensors nur beim reinen Körper gefordert werden. Bei Berücksichtigung von Fremdmaterie kann je nach deren Verteilung der Einstein-Tensor sehr verschiedene Werte annehmen. In den Einsteinschen Gleichungen der Kontinuumsmechanik

$$\Gamma_{ij}(\varepsilon_{kl}, h_{mlk}) = B_{ij}\,, \tag{3}$$

die ein System nichtlinearer Gleichungen für die Γ_{mlk} bzw. ε_{kl}, h_{mlk} darstellen, mißt danach offenbar der Tensor B_{ij} wiederum die Fremdmaterie (*Materietensor*). Wir betrachten diese Gleichungen als die eleganteste Formulierung des geometrischen Grundgesetzes unserer 15 Freiheitsgrade umfassenden Theorie.

Die in der inkompatiblen Elastizitätstheorie früher erhaltenen Einsteinschen Gleichungen gehen aus den jetzigen dadurch hervor, daß man hier die Strukturkrümmungen (Versetzungen) h_{mlk} herausstreicht. Dabei wird der Einstein-Tensor Γ_{ij} automatisch symmetrisch.

Wegen des Auftretens von h_{mlk} in den Einsteinschen Gleichungen gestatten sogar die linearisierten Grundgesetze auch dann die Existenz elastischer Deformationen und Spannungen, wenn alle äußeren Einwirkungen auf den Körper (also Kräfte, Drehmomente und Fremdmaterie) verschwinden. Die Deformationen sind dann inkompatibel. Bei den zugehörigen Spannungen handelt es sich um die eigentlichen Eigenspannungen, die stets mit dem Auftreten von Versetzungen verbunden sind. (Vielfach werden auch die der Fremdmaterie zuzuschreibenden Spannungen als Eigenspannungen bezeichnet. In unserer Systematik, in der die Fremdmaterie als von außen kommend angesehen wird, paßt diese Bezeichnung nicht, doch ist dies lediglich eine Sache des Standpunkts.)

6. Par- und Dielastizität

Die bisher besprochenen neuen Konzeptionen sind fundamentaler, als die jetzt zur Diskussion stehende Konzeption der Par- und Dielastizität, weil mit der letzteren keine neuen Freiheitsgrade mehr eingeführt werden. Es handelt sich hierbei vielmehr um Methoden, die eine bequeme Behandlung der mit der Fremdmaterie verbundenen Besonderheiten ermöglichen. Das einzelne Fremdatom wird als *elastischer Dipol* bzw. durch eine *elastische Polarisierbarkeit* innerhalb der regulären Materie beschrieben, ganz analog, wie man es in der Elektro- bzw. Magnetostatik seit langem gewohnt ist. Die bekannten Formeln dieser letzten Theorien für die Kraft und das Drehmoment auf einen Dipol bzw. für dessen Energie im elektrischen oder magnetischen Feld finden ihre Analoga in der Theorie der Par- und Dielastizität. Kontinua, die makroskopische verteilte Fremdmaterie enthalten, werden als Par- oder Dielastika angesehen, je nachdem, ob die Fremdatome als permanente Dipole oder als Polarisationszentren zu beschreiben sind. Beispielsweise können Kohlenstoffatome im Eisen als elastische Dipole beschrieben werden, die bei einer Deformation eine bestimmte Orientierung anstreben. Dies kann zu einer starken Dämpfung der Schwingungen stählerner Körper (z. B. Glocken oder Stimmgabeln) in bestimmten Temperaturbereichen führen. Dieser sog. Snoek-Effekt ist ein besonders schönes Beispiel für die Anwendung der Konzeption der Parelastizität.

Als sehr erfolgreich hat sich weiterhin die Auffassung des *elastischen* Vielkristalls als Dielastikum und des *plastischen* Vielkristalls als Parelastikum erwiesen. Sie gestattet, die Elastizität und Plastizität der Vielkristalle aus den betreffenden Eigenschaften der Kristallite auszurechnen. Auf Einzelheiten kann hier leider nicht eingegangen werden [20, 21].

7. Ausblick

Zunächst einige allgemeine Bemerkungen. Das Ziel der Kontinuumsphysik sehen wir in einer möglichst exakten phänomenologischen Beschreibung des physikalischen Verhaltens beliebiger kontinuierlicher Materie in irgendwelchen physikalischen Situationen. Diese Beschreibung ist nur dann überhaupt möglich, wenn wir über den betreffenden Stoff hinreichend gut unterrichtet sind, d. h. wenn wir seine bei den betrachteten Vorgängen ins Spiel kommenden Eigenschaften kennen. Diese Eigenschaften werden mathematisch durch die Materialgesetze beschrieben, die alle — jedenfalls in den lokalen Feldtheorien, die allein bisher in größerem

Umfang zur Anwendung kamen — einen Zug gemeinsam haben: Sie enthalten einerseits Größen, die irgendwelche Eingriffe in die Volumenelemente des Körpers darstellen, andererseits Größen, welche die Rückwirkungen hierauf bedeuten. Zwischen beiden Größen besteht eine ganz bestimmte, für den betreffende Stoff charakteristische Gesetzmäßigkeit, eben das Materialgesetz. Für die Eingriffe und Rückwirkungen ist typisch, daß sie Zustandsgrößen sind. d. h. eindeutig unabhängig von der Vorgeschichte meßbar. Diese Bedingung verlangt von dem Materialgesetz die Form einer Zustandsgleichung, die die Rückwirkungen den Eingriffen umkehrbar eindeutig zuordnet. Sowohl das Elastizitätsgesetz als auch das Viskositätsgesetz haben diese für Materialgesetze zu fordernde Eigenschaft.

Schwieriger ist es im Falle der (realen) Plastizität, den wir besonders im Auge haben. Es ist eine bekannte Tatsache, daß bei realen Körpern im allgemeinen der Widerstand gegen plastische Verformung nicht nur von der bereits erfolgten plastischen Verformung des betreffenden Volumenelements abhängt, sondern auch von dem Wege, auf dem diese Verformung bewirkt wurde, z. B. davon, ob zwischendurch die Temperatur geändert wurde, wie schnell die Verformung vor sich ging oder ob ein Teil der Verformung rückgängig gemacht wurde usw. Demnach ist die plastische Deformation ε_{kl}^P offensichtlich keine Zustandsgröße und hat daher in einem Materialgesetz nichts zu suchen. Wenn trotzdem in vielen Fällen Plastizitätsgesetze benützt wurden, welche die plastische Deformation enthielten, so waren sich die Autoren doch im allgemeinen bewußt, daß es sich hier um eine sehr behelfsmäßige Lösung handelte.

Besser als diese „Deformationstheorie" ist die sog. „Fließtheorie" mit einem Materialgesetz, das anstelle der plastischen Deformation deren Zuwachs $d\varepsilon_{kl}^P$ oder, was auf dasselbe herauskommt, die Ableitung nach der Zeit $\dot{\varepsilon}_{kl}^P$ mit den Spannungen verbindet. Dabei kann man dann die Abhängigkeit von der Vorgeschichte (Deformationsweg) in dem Materialgesetz unterbringen. Dadurch wird aber ein wesentlicher Teil dessen, was durch die Theorie eigentlich ausgerechnet werden sollte, als a priori bekannt in das Materialgesetz hineingesteckt. Mit einem solchen Vorgehen sollte man sich auf die Dauer keinesfalls zufrieden geben.

Der den bisherigen Versuchen anhaftende Hauptmangel besteht darin, daß die Ursache der Verfestigung im Dunkel bleibt. Um diesem Punkt nachzugehen, betrachten wir einfachheitshalber das reine Kontinuum (ohne Fremdmaterie). Es ist ein besonders wichtiges Ergebnis der Festkörperphysik, daß die Spannung, welche ein bestimmtes Volumenelement zum plastischen Fließen bringt, sich aus dessen Versetzungsanordnung ergibt. Hier liegt meines Erachtens der Schlüssel zu einem befriedigenden Plastizitätsgesetz: Spannung und Versetzungsdichte sind Zustandsgrößen, aus ihnen können wir ein korrektes Materialgesetz schaffen, das anstelle der früher benützten Plastizitätsgesetze treten sollte. Für kleine Verformungen würde man etwa die Fließspannung proportional zur Versetzungsdichte ansetzen. Im Besitze eines solchen Gesetzes (das möglicherweise noch gewisser Ergänzungen bedarf) könnte man z. B. den Zuwachs der plastischen Deformation $d\varepsilon_{kl}^P$ und Drehung $d\omega_{kl}^P$ (auch diese ist wichtig!) bei einem Zuwachs der Spannung $d\sigma_{ij}$ für alle Volumenelemente berechnen, wobei sich zugleich auch die Änderung der Versetzungsdichte $d\alpha_{ij}$ ergeben würde[3]).

[3]) Hierzu benützt man eine Beziehung rot $(d\varepsilon^P + d\omega^P) = -d\alpha$, wo rot eine bestimmte Differentialoperation ist. $d\varepsilon^P$ steht für die Gesamtheit der Tensorkomponenten $d\varepsilon^P$ usw. Der Versetzungstensor α läßt sich sehr einfach in das früher für die Strukturkrümmungen benützte Symbol h_{mlk} umrechnen. Übrigens zeigt die obige Beziehung, daß rot ε^P Zustandsgröße ist, obwohl ε^P selbst es nicht ist.

Damit hätte man eine in sich widerspruchsfreie Kontinuumstheorie der realen Plastizität. Leider sind die Verhältnisse in Wirklichkeit noch komplizierter, weil nicht nur unsere als makroskopische Funktion des Ortes gegebene Versetzungsdichte, sondern auch die in großer Zahl mikroskopisch nahe beieinander liegenden Versetzungen entgegengesetzten Vorzeichens, die nicht zu den makroskopischen Strukturkrümmungen beitragen, an der Verfestigung ihren Anteil haben. So wird es voraussichtlich nötig sein, noch einmal zu neuen Konzeptionen bzw. Freiheitsgraden zu greifen, um diese Versetzungen, etwa in Form einer (makroskopischen) Versetzungs-Dipoldichte einzuführen.

Die vorstehenden Betrachtungen sollten zeigen, daß wir mit der Einführung der Versetzungen in die Kontinuumsmechanik einer korrekten Formulierung einer einheitlichen Theorie des elastisch-plastischen Körpers näher gekommen sind. Nach meiner Ansicht sollte man sich in dieser Richtung erst dann am Ziel fühlen, wenn man *alle* makroskopischen mechanischen Effekte, denen man eine Kontinuität im Festkörper zusprechen kann, einer korrekten kontinuumsmechanischen Behandlung zugänglich gemacht hat. Unter den bis jetzt noch nicht ausreichend erfaßten Effekten spielt die Verfestigung eine hervorragende Rolle.

Ein anderer Ausblick ist es, der sicher nicht weniger Beachtung verdient. Es wurde von der engen Analogie zur allgemeinen Relativitätstheorie gesprochen, die darin zum Ausdruck kam, daß das geometrische Grundgesetz die Form der Einsteinschen Gleichungen der allgemeinen Relativitätstheorie hat, solange man zeitabhängige Vorgänge außer Acht läßt. Wir haben nun Grund anzunehmen, daß diese Analogie auch noch dann gültig bleibt, wenn man die vierte Koordinate, die Zeit, mitberücksichtigt. Erste Hinweise in dieser Richtung stellen Ergebnisse von Frenkel und Kontorova [22], von Frank [23], Eshelby [24], sowie Leibfried und Dietze [25] dar, nach denen man bei schnell bewegten Versetzungen jene Effekte wiederfindet, die für die Bewegung schneller Teilchen in der speziellen Relativitätstheorie typisch sind: Kontraktion der mitbewegten Felder, eine Grenzgeschwindigkeit (statt der Lichtgeschwindigkeit hier natürlich die Schallgeschwindigkeit) usw. Von den durch die Existenz mehrerer Schallgeschwindigkeiten gegebenen Besonderheiten können wir in den folgenden qualitativen Betrachtungen absehen, obwohl sie zweifellos eine ernste Schwierigkeit für die Theorie bedeuten.

In einer beachtenswerten Arbeit hat nun Holländer [26] kürzlich ein System von linearisierten Feldgleichungen aufgestellt, die relativistisch invariant sind (also die Zeitkoordinate nicht mehr vor den Ortskoordinaten auszeichnen) und die bei zeitunabhängigen Problemen das geometrische Grundgesetz in linearisierter Form — allerdings für etwas spezielle Versetzungsverteilungen — richtig wiedergeben. Desgleichen gelang es Holländer, das statisch-dynamische Grundgesetz (in seinem speziellen Fall) relativistisch invariant darzustellen. Interessanterweise folgt nun aus diesen Gleichungen nicht nur die Versetzungstheorie, sondern es folgen auch die (linearisierten) Gleichungen der Hydrodynamik. Dies gibt uns die Hoffnung, daß die Erweiterung der solang besprochenen dreidimensionalen Theorie um die Zeitkoordinate zu einer eindrucksvollen und übersichtlichen Formulierung der gesamten Kontinuumsmechanik führen wird, die in bezug auf physikalische Bedeutung und Eleganz durchaus gleichberechtigt neben die fundamentalen Feldtheorien der modernen Physik einzureihen ist.

Ein spezieller Punkt sei hierzu noch herausgegriffen. Wie erwähnt gestattet die besondere Struktur schon der linearisierten Einsteinschen Gleichungen im statischen Fall metastabile Lösungen der Grundgleichungen (die Eigenspannungen). Bei der Erweiterung auf vier Dimensionen erwarten wir daher andere Typen metastabiler Lösungen der Grundgleichungen. Da hier nach HOLLÄNDER die Hydrodynamik ins Spiel kommt, liegt es nahe, dort zu suchen. So könnte man etwa die Erscheinung der Turbulenz in Verbindung mit den neuen Freiheitsgraden des Kontinuums bringen. Diese Freiheitsgrade sind Ausdruck einer geometrischen Struktur des Kontinuums. Nach den heutigen Kenntnissen über den atomaren Aufbau der Flüssigkeiten haben diese tatsächlich, zumindest in vielen Fällen, eine solche Struktur, wobei die Ausdehnung der geordneten (quasikristallinen) Bereiche im allgemeinen nur wenige Atomabstände beträgt.

Hier wurde soweit das Bild einer Kontinuumsmechanik entworfen, als deren endgültige Form sich eine klassische, nicht-lineare, lokale Feldtheorie abzeichnet. Jede klassische Theorie hat nun ihre Grenzen, innerhalb derer sie allein eine genügend gute Näherung darstellt. Exakte Theorien müssen die Quantengesetze der Natur berücksichtigen, mit anderen Worten, die klassische Feldtheorie muß zu einer Quantenfeldtheorie weiterentwickelt werden. Enthielt die ältere Kontinuumsmechanik als Feldquanten nur die sogenannten Phononen (Schallquanten), so kommen durch die neuen Freiheitsgrade jetzt neue Quanten zum Zuge, von denen ich wenigstens einen Teil provisorisch als Rotonen bezeichnen möchte, weil sie einer Drehbewegung entsprechen. Es ist durchaus denkbar, daß diese Quanten sich als verwandt mit den von LANDAU [27] zur Erklärung der Superfluidität eingeführten Rotonen erweisen werden. Sollte dies zutreffen, so ließe sich auch diese Erscheinung aus der (Quanten-) Kontinuumsmechanik heraus erklären.

Es scheint mir schließlich ein nicht geringer Wert der neuen Kontinuumsmechanik darin zu liegen, daß sie — zunächst vielleicht abgesehen von den Quantisierungsvorschriften — als korrekte Feldtheorie, frei von jeglichen Spekulationen, erscheinen wird. Sie wird somit zur Prüfung der entwickelten Vorstellungen und Methoden vor allem auch der nicht-linearen Feldphysik geeignet sein, und man darf darüber hinaus hoffen, aus Analogiebetrachtungen neue Anregungen für die anderen Feldtheorien zu bekommen. Als hierfür typisches Beispiel möchte ich die Untersuchung der Frage erwähnen, wie weit etwa neben der Analogie zur Relativitätstheorie auch eine Analogie zwischen der Drehbewegung im Kontinuum und der wichtigen Erscheinung des Spins der Elementarteilchen besteht, d. h. ob etwa der Spin ein Ausdruck einer Cartanschen Torsion unseres Weltalls ist, die neben die Riemannsche bzw. Einsteinsche Krümmung tritt.

Es wurde absichtlich nicht von den vielen spezielleren Problemen vornehmlich der Festkörperphysik gesprochen, in denen sich die neue Kontinuumsmechanik als nützliches Hilfsmittel erwiesen hat und sich ständig neu bewährt[4]). Es kam mir in dieser Übersicht mehr auf die allgemeinen Zusammenhänge an. Der gegebene Ausblick hatte stellenweise den Charakter eines Forschungsprogramms. Stand die Kontinuumsmechanik für lange Zeit innerhalb der physikalischen Forschung an untergeordneter Stelle, so ist sie in der neuesten Zeit zu einem Gebiet geworden, das ganz besondere Aufmerksamkeit verdient, und das die Physiker und Mathematiker noch für lange Zeit beschäftigen wird.

---

[4]) Siehe z. B. [5, 28, 29]. In [29] und der zugehörigen kurzen Ergänzung [30] wird insbesondere die mathematische Formulierung der Theorie gegeben. An weiteren mathematisch gehaltenen Übersichtsartikeln können neben [4, 16, 17] ferner die Darstellungen von DE WIT, INDENBOM und ESHELBY [31—33] empfohlen werden.

Ich freue mich, die vorliegende Arbeit Herrn Professor U. DEHLINGER, einem der Wegbereiter der Versetzungstheorie, zu seinem sechzigsten Geburtstag widmen zu können. Herrn Professor DEHLINGER verdanke ich selbst die Einführung in die theoretische Physik und darüber hinaus vielfache Förderung. Ihm sowie den Herren Professoren R. GRAMMEL, A. SEEGER und A. SLIBAR möchte ich ferner für ihr Interesse und mancherlei Kommentare zum behandelten Thema herzlich danken.

Literatur

[1] H. REISSNER, Math. Mech. **11**, 1 (1931).
[2] S. MORIGUTI, Oyo Sugaku Rikigaku (Appl. Math. Mech.) **1**, 29 (1947); **1**, 87 (1947).
[3] C. ECKART, Phys. Rev. **73**, 373 (1948).
[4] J. D. ESHELBY, Solid State Physics **3**, 79 (1956).
[5] E. KRÖNER, Erg. angew. Math. **5**, 1 (1958).
[6] L. PRANDTL, Z. angew. Math. Mech. **8**, 85 (1928).
[7] U. DEHLINGER, Ann. Phys. V. F. **2**, 749 (1929).
[8] G. I. TAYLOR, Proc. Roy. Soc. London Ser. A **145**, 362 (1934).
[9] E. OROWAN, Z. Phys. **89**, 605 (1934).
[10] M. POLANYI, Z. Phys. **89**, 660 (1934).
[11] J. M. BURGERS, Proc. Kon. Ned. Akad. Wetensch. **42**, 293 (1939).
[12] W. L. BRAGG, Proc. Phys. Soc. London **52**, 54 (1940).
[13] J. F. NYE, Acta metallurgica **1**, 153 (1953).
[14] E. und F. COSSERAT, Théorie des corps déformables, A. Hermann et fils, Paris 1909.
[15] W. GÜNTHER, Abh. Braunschw. Wiss. Ges. **10**, 195 (1958).
[16] K. KONDO, Memoirs of the unifying study of the basic problems in engineering sciences by means of geometry, Vol. I/II, Gakujutsu Bunken Fukyu-Kai, Tokyo 1955/58.
[17] B. A. BILBY, Progr. Sol. Mech. **1**, 329 (1960).
[18] E. CARTAN, Ann. Sc. de l'École Norm. Sup. III. Ser. **40**, 325 (1923).
[19] J. A. SCHOUTEN, Ricci-Calculus, Springer, Berlin-Göttingen-Heidelberg 1954.
[20] E. KRÖNER, Z. Phys. **151**, 504 (1958).
[21] E. KRÖNER, Acta metallurgica **9**, 155 (1961).
[22] J. FRENKEL und T. A. KONTOROVA, J. Phys. Sowjetunion **1**, 137 (1939).
[23] F. C. FRANK, Proc. Phys. Soc. London, Sect. A **62**, 131 (1949).
[24] J. D. ESHELBY, Proc. Phys. Soc. London, Sect. A **62**, 307 (1949).
[25] G. LEIBFRIED und H.-D. DIETZE, Z. Phys. **126**, 790 (1949).
[26] E. F. HOLLÄNDER, Czech. J. Phys. **10**, 409 (1960); **10**, 479 (1960); **10**, 551 (1960).
[27] L. LANDAU, J. Phys. UdSSR **5**, 71 (1941).
[28] A. SEEGER, Theorie der Gitterfehlstellen; Kristallplastizität, Handbuch der Physik VII/I, 383 (1955); VII/II, 1 (1958).
[29] E. KRÖNER, Arch. Rat. Mech. Anal. **4**, 273 (1960).
[30] E. KRÖNER, Arch. Rat. Mech. Anal. **7**, 78 (1961).
[31] R. DE WIT, Solid State Physics **10**, 249 (1960).
[32] W. L. INDENBOM, Itogi Nauki, Phys. Math. Wiss. **3**, 117 (1960).
[33] J. D. ESHELBY, Elastic inclusions and inhomogeneities, Progr. Sol. Mech. 1961, im Druck.

(Eingegangen am 27. 1. 1961)

Originalarbeiten

Max-Planck-Institut für Metallforschung, Stuttgart, und Institut für theoretische und angewandte Physik der Technischen Hochschule Stuttgart

Das elastische Verschiebungsfeld von Einzel- und Doppelkräften in anisotropen Medien

Von

E. Mann, R. v. Jan und A. Seeger

Herrn Professor Dr.-Ing. Ulrich Dehlinger zu seinem 60. Geburtstag gewidmet.

Bei der theoretischen Behandlung von atomaren Fehlstellen in Kristallen wird die Kenntnis des elastischen Verschiebungsfeldes sogenannter Doppelkräfte benötigt. Dieses läßt sich aus dem elastischen Fundamentalintegral, dem Verschiebungsfeld elastischer Einzelkräfte, durch Differentiation gewinnen. Geschlossene Ausdrücke hierfür gibt es jedoch nur für isotrope und hexagonale Medien. In der vorliegenden Arbeit wird für Kupfer die implizite Fredholmsche Lösung für Einzel- und Doppelkräfte mit Hilfe elektronischer Rechenanlagen numerisch ausgewertet. Es wird ferner eine für die analytische Behandlung des Doppelkraftproblems geeignete Reihenentwicklung nach Kugelfunktionen angegeben. Besondere Sorgfalt wird darauf verwandt, die Koeffizientenwahl in jeder Näherungsstufe optimal zu machen. Die Resultate der 1. und 2. Näherung werden mit der exakten numerischen Lösung verglichen.

The theoretical treatment of point defects in crystals requires the knowledge of the elastic displacement field of double forces. This displacement can be obtained by differentiating the elastic fundamental integral, i. e. the displacement due to a single force. Solutions in closed form, however, are only available for isotropic or hexagonal media. The present paper evaluates numerically Fredholm's implicit solution in the case of copper for single and double forces. In addition, we give an analytical treatment of the double force problem in terms of an expansion into spherical harmonics. We discuss how the coefficients in the expansion must be determined in order to ensure an optimal approximation to the exact solution. The results of the first and second approximation are compared with the exact numerical results.

1. Einleitung und Problemstellung

In der Theorie atomarer Fehlstellen in Kristallen beschreibt man die elastischen Wirkungen dieser Fehlstellen häufig durch eine Verteilung von Kräften, die am Ort der Fehlstellen in dem betreffenden elastischen Medium angreifen. Da es sich bei diesen Fehlstellen immer um sogenannte Eigenspannungszustände handelt (bei denen per definitionem keine äußeren Kräfte auftreten), interessiert bei derartigen Aufgaben besonders das Verschiebungsfeld von Kräftepaaren mit der resultierenden Kraft Null oder, wie wir auch sagen werden, von *Doppelkräften*. Beschränkt man sich auf die lineare Elastizitätstheorie, so kann man aus dem Verschiebungsfeld einiger spezieller Doppelkräfte dasjenige einer beliebigen Anordnung von Doppelkräften durch Superposition erhalten. Ist das Verschiebungsfeld einer Einzelkraft bekannt (das sogenannte elastische Fundamentalintegral), so bekommt man daraus durch Differenzieren dasjenige einer Doppelkraft. (Man vergleiche hierzu den analogen Prozeß der Gewinnung des elektrostatischen Potentials eines Dipols aus demjenigen eines Pols.)

Das eben genannte Verfahren weist jedoch bei der Anwendung auf Kristalle deswegen praktische Schwierigkeiten auf, weil, wie Gebbia [1] und Kröner [2] gezeigt haben, das elastische Fundamentalintegral nur für isotrope und hexagonale Kristalle (also z. B. nicht für kubische Kristalle) in geschlossener Form angegeben werden kann. In den übrigen Fällen muß man von Reihenentwicklungen [2] oder direkt von den elastischen Grundgleichungen ausgehen. Durch das Differenzieren wird jedoch die Konvergenz der Reihenentwicklungen verschlechtert, so daß dieses Vorgehen auf jeden Fall der genaueren Untersuchung bedarf. Am besten ist es natürlich, wenn man die durch das Abbrechen der Reihenentwicklungen entstehenden Näherungsausdrücke mit numerischen Ergebnissen vergleichen kann, die durch direkte Integration der Grundgleichungen entstanden sind.

Als Fundamentalintegral der elastischen Differentialgleichungen ohne Volumkräfte bezeichnet man einen symmetrischen Tensor 2. Stufe $\mathfrak{S}$, dessen drei Zeilenvektoren jeweils das Verschiebungsfeld einer im Ursprung eines unendlich ausgedehnten Mediums angreifenden, in Richtung der positiven x-, y- bzw. z-Achse wirkenden Einzelkraft vom Betrag 1 darstellen. Nach dieser Definition gilt für das durch eine im Ursprung angreifende Einzelkraft P_i hervorgerufene Verschiebungsfeld [3]

$$s_k(\mathfrak{r}) = P_i\, S_{ik}(\mathfrak{r})\,. \tag{1}$$

Die für die kristallphysikalischen Anwendungen wichtigeren Doppelkräfte P_{ij} sind Komponenten eines (nicht notwendig symmetrischen) Tensors 2. Stufe, den man auch *Kräftedipol* nennt. Bezeichnet l_i den Verbindungsvektor der Angriffspunkte der beiden zusammenrückenden, entgegengesetzt gleichen Einzelkräfte P_j, so ist die Doppelkraft P_{ij} definiert durch

$$P_{ij} = \lim_{l_i \to 0,\, P_j \to \infty} l_i\, P_j\,, \qquad l_i\, P_j = \text{const.}$$

Die Diagonalkomponenten des Tensors P_{ij} sind Doppelkräfte ohne Moment, die übrigen Komponenten solche mit Moment. Das gesamte Drehmoment des Kräftedipols ist in seinem antisymmetrischen Teil enthalten. [1])

Die Verschiebungen infolge einer Doppelkraft P_{ij} am Ort des Ursprungs erhält man durch Differentiation des Fundamentalintegrals [3] [2]):

$$s_k(\mathfrak{r}) = -\, P_{ij}\, \nabla_i\, S_{jk}(\mathfrak{r})\,. \tag{2}$$

Für das Fundamentalintegral beliebiger Kristallsysteme hat Kröner [2] zwei Darstellungen angegeben, die auf Fredholm [4] und Zeilon [5] zurückgehen. Fredholm stellt das Fundamentalintegral mit Hilfe einer impliziten Gleichung 6. Grades dar, die wir für den Fall des Kupfers in Abschnitt 2 numerisch auswerten (mit Hilfe elektronischer Rechenmaschinen). Die Zeilonsche Integraldarstellung eignet sich für eine Entwicklung nach Kugelflächenfunktionen, wie sie von Kröner [2] durchgeführt wurde. Damit lassen sich das Fundamentalintegral und seine Ableitungen auch in anderen als isotropen oder hexagonalen Systemen mit jeder gewünschten Genauigkeit berechnen. Für die Anwendungen

---

[1]) Die 9 Komponenten P_{ij} des Doppelkrafttensors sind in ihrer Gesamtheit den 9 infinitesimalen Versetzungsschleifen äquivalent. Die Ergebnisse dieser Arbeit können deswegen auch auf die Verschiebungsfelder infinitesimaler Versetzungsschleifen übertragen werden.

[2]) Bei Kröner [3] fehlt das Minuszeichen.

ist es von Vorteil, daß man nach der Zeilon-Krönerschen Methode Näherungsausdrücke in expliziter Form erhält, mit denen man bequem weiterrechnen kann. Die Güte der einzelnen Näherungen beurteilen wir an Hand der in Abschnitt 2 gewonnenen exakten Werte des Fundamentalintegrals.

2. Numerische Berechnung des Fundamentalintegrals und seiner 1. Ableitung für einen kubischen Kristall

Die elastischen Differentialgleichungen für die Verschiebungen $\mathfrak{s}(\mathfrak{r})$ ohne Mitwirkung von Volumkräften lassen sich in der Form schreiben [3])

$$\mathfrak{D}(\nabla_x, \nabla_y, \nabla_z) \cdot \mathfrak{s}(x, y, z) = 0 . \tag{3}$$

$\mathfrak{D}$ ist der Tensor mit den Komponenten

$$D_{kl} = \sum_{i,m} C_{iklm} \nabla_i \nabla_m , \tag{4}$$

wo i, k, l, m je gleich x, y, z sein kann und die C_{iklm} in der üblichen Weise die elastischen Moduln bedeuten.

Es sei $f(\nabla_x, \nabla_y, \nabla_z)$ die Determinante $|D_{kl}(\nabla_x, \nabla_y, \nabla_z)|$ und $\mathfrak{D}^*(\nabla_x, \nabla_y, \nabla_z)$ der Tensor der Unterdeterminanten von f. Dann lautet nach KRÖNER[4]) das Fundamentalintegral von (3) in der Fredholmschen Darstellung

$$S_{pq}(x, y, z) = \frac{1}{2\pi i} \sum_{\iota=1}^{3} \frac{D^*_{pq}(\xi_\iota, \eta_\iota, 1)}{x \dfrac{\partial f}{\partial \eta}(\xi_\iota, \eta_\iota, 1) - y \dfrac{\partial f}{\partial \xi}(\xi_\iota, \eta_\iota, 1)} . \tag{5}$$

Hierin sind die ξ_ι, η_ι Lösungen der beiden Gleichungen

$$f(\xi, \eta, 1) = 0 , \tag{6}$$

$$x\xi + y\eta + z = 0 , \tag{7}$$

die zusammen eine Gleichung 6. Grades ergeben. In (5) sind nur die Lösungen zu verwenden, deren ξ_ι positiven Imaginärteil haben. Bei nicht-hexagonaler Kristallsymmetrie, also z. B. im kubischen Fall, reduziert sich die allgemeine Gleichung 6. Grades nur für Punkte x, y, z, die in einer Symmetrieebene des Kristalls liegen, zu einer kubischen Gleichung, die dann geschlossen lösbar ist[5]). Für einen kubischen Kristall mit den Voigtschen elastischen Konstanten c_{11}, c_{12}, c_{44} ist

$$f(x, y, z) = \begin{vmatrix} c_{11} x^2 + c_{44}(y^2 + z^2) & (c_{12} + c_{44}) x y & (c_{12} + c_{44}) x z \\ (c_{12} + c_{44}) x y & c_{11} y^2 + c_{44}(x^2 + z^2) & (c_{12} + c_{44}) y z \\ (c_{12} + c_{44}) x z & (c_{12} + c_{44}) y z & c_{11} z^2 + c_{44}(x^2 + y^2) \end{vmatrix} . \tag{8}$$

---

[3]) $\nabla_x \equiv \partial/\partial x$ usw.

[4]) Unser Ausdruck (5) ist gegenüber KRÖNER [2] im Vorzeichen korrigiert.

[5]) Die allgemeine Lösung in geschlossener Form für hexagonale Kristalle ist bei KRÖNER [2] dargestellt.

Für das differenzierte Fundamentalintegral erhält man aus (5) zum Beispiel[6])

$$\frac{\partial}{\partial x} S_{pq} = \frac{1}{2\pi i} \sum_{\iota=1}^{3} \left[\frac{\frac{\partial D^*_{pq}}{\partial \xi} \frac{\partial \xi}{\partial x} + \frac{\partial D^*_{pq}}{\partial \eta} \frac{\partial \eta}{\partial x}}{x f_\eta - y f_\xi} - D^*_{pq} \frac{f_\eta + (x f_{\eta\xi} - y f_{\xi\xi}) \frac{\partial \xi}{\partial x} + (x f_{\eta\eta} - y f_{\xi\eta}) \frac{\partial \eta}{\partial x}}{(x f_\eta - y f_\xi)^2} \right]_{\xi_\iota, \eta_\iota} . \tag{9}$$

Die in (9) und zwei ähnlichen Ausdrücken für $\partial S_{pq}/\partial y$ und $\partial S_{pq}/\partial z$ enthaltenen Ableitungen von ξ, η nach x, y, z bestimmt man aus den differenzierten Gleichungen (6) und (7), zum Beispiel

$$f_\xi \frac{\partial \xi}{\partial x} + f_\eta \frac{\partial \eta}{\partial x} = 0 , \tag{10}$$

$$\xi + x \frac{\partial \xi}{\partial x} + y \frac{\partial \eta}{\partial x} = 0 , \tag{11}$$

zu $(x f_\eta - y f_\xi \equiv N)$

$$\left. \begin{aligned} \frac{\partial \xi}{\partial x} &= \frac{-\xi f_\eta}{N}, & \frac{\partial \xi}{\partial y} &= \frac{-\eta f_\eta}{N}, & \frac{\partial \xi}{\partial z} &= \frac{-f_\eta}{N}, \\ \frac{\partial \eta}{\partial x} &= \frac{\xi f_\xi}{N}, & \frac{\partial \eta}{\partial y} &= \frac{\eta f_\xi}{N}, & \frac{\partial \eta}{\partial z} &= \frac{f_\xi}{N}. \end{aligned} \right\} \tag{12}$$

Mit den vorstehenden Formeln ist es möglich, das Fundamentalintegral und seine 1. Ableitung punktweise zu berechnen. Dies wurde am Beispiel des Kupfers mit Hilfe der elektronischen Rechenmaschinen Z 22 und ER 56 durchgeführt. Als elastische Konstanten wurden die von OVERTON und GAFFNEY [6] bei 300 °K gemessenen verwendet:

$$c_{11} = 16{,}45, \ c_{12} = 11{,}75, \ c_{44} = 7{,}54 \, [10^{11} \, \text{dyn/cm}^2] . \tag{13}$$

Bei der Berechnung der 1. Ableitung des Fundamentalintegrals haben wir uns auf den für die Anwendungen besonders wichtigen Fall beschränkt, daß nur Doppelkraftkomponenten P_{ii} auftreten, d. h. der auf kubische Achsen bezogene Doppelkrafttensor Diagonalform besitzt. Speziell wurden die Verschiebungen berechnet, die zu einer Einzelkraft in z-Richtung vom Betrag 1 und zu einer Doppelkraft ohne Moment in z-Richtung vom Betrag 1 gehören. Das Verschiebungsfeld einer Einzelkraft nimmt wie $1/r$ ab, dasjenige einer Doppelkraft wie $1/r^2$. Es genügt also, die Verschiebungen auf der Einheitskugel zu berechnen, und zwar wegen der Symmetrie des Problems nur auf $^1/_{16}$ der Oberfläche. Die Ergebnisse der Rechnung sind in den Fig. 1—2 für die Einzelkraft und in den Fig. 3—5 für die Doppelkraft dargestellt. Einen anschaulichen Eindruck von dem Einfluß der Anisotropie vermittelt die Fig. 6, wo durch einen (100)- und einen (110)-Schnitt dargestellt ist, wie eine im kubischen Medium markiert gedachte Kugelfläche durch drei gleiche, zueinander senkrechte und im Zentrum der Kugel angreifende Doppelkräfte[7]) verzerrt wird; im isotropen Medium würde die Kugelform erhalten bleiben.

---

[6]) $\partial f/\partial \xi \equiv f_\xi$ usw.

[7]) sog. Dilatationszentrum.

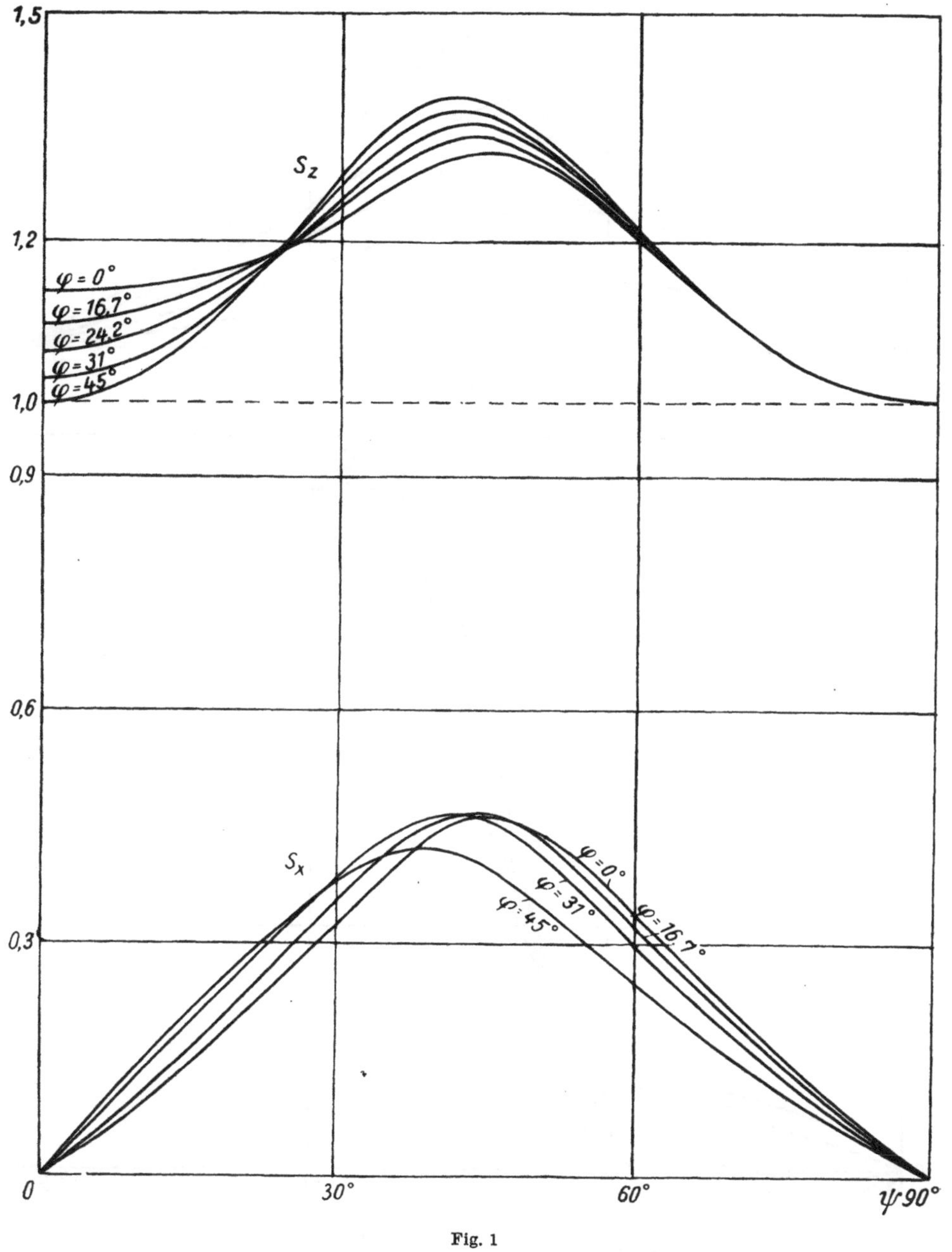

Fig. 1

Fig. 1 u. 2. Die Verschiebungskomponenten s_x, s_y, s_z in einem unendlich ausgedehnten Kupferkristall auf einer Kugel (Radius r) infolge einer Einzelkraft in z-Richtung (P_z) im Kugelmittelpunkt. Die Verschiebungen sind aufgetragen in Einheiten $P_z/4\,\pi\, c_{44}\, r$ für verschiedene Meridianschnitte φ in Abhängigkeit vom Höhenwinkel $\psi = 90° - \vartheta$ auf $^1/_{16}$ der Oberfläche. Die Koordinatenachsen fallen mit den kristallographischen Achsen zusammen

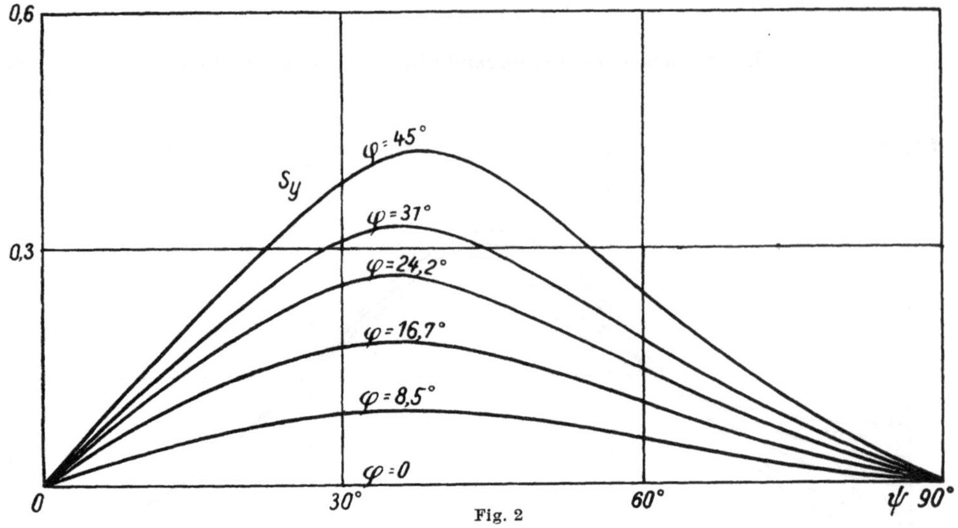
0,6
0,3
0
30°
60°
ψ 90°
s_y
φ = 45°
φ = 31°
φ = 24,2°
φ = 16,7°
φ = 8,5°
φ = 0

Fig. 2

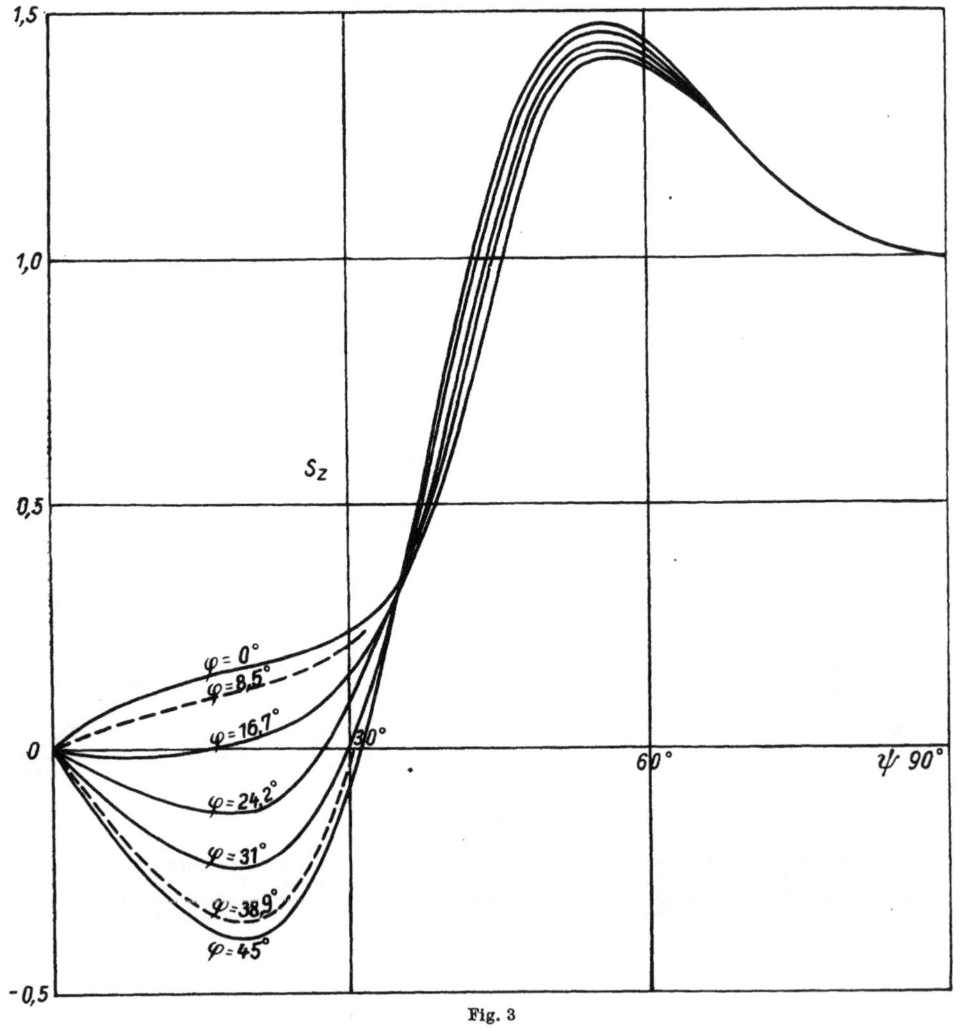
1,5
1,0
0,5
0
-0,5
s_z
30°
60°
ψ 90°
φ = 0°
φ = 8,5°
φ = 16,7°
φ = 24,2°
φ = 31°
φ = 38,9°
φ = 45°

Fig. 3

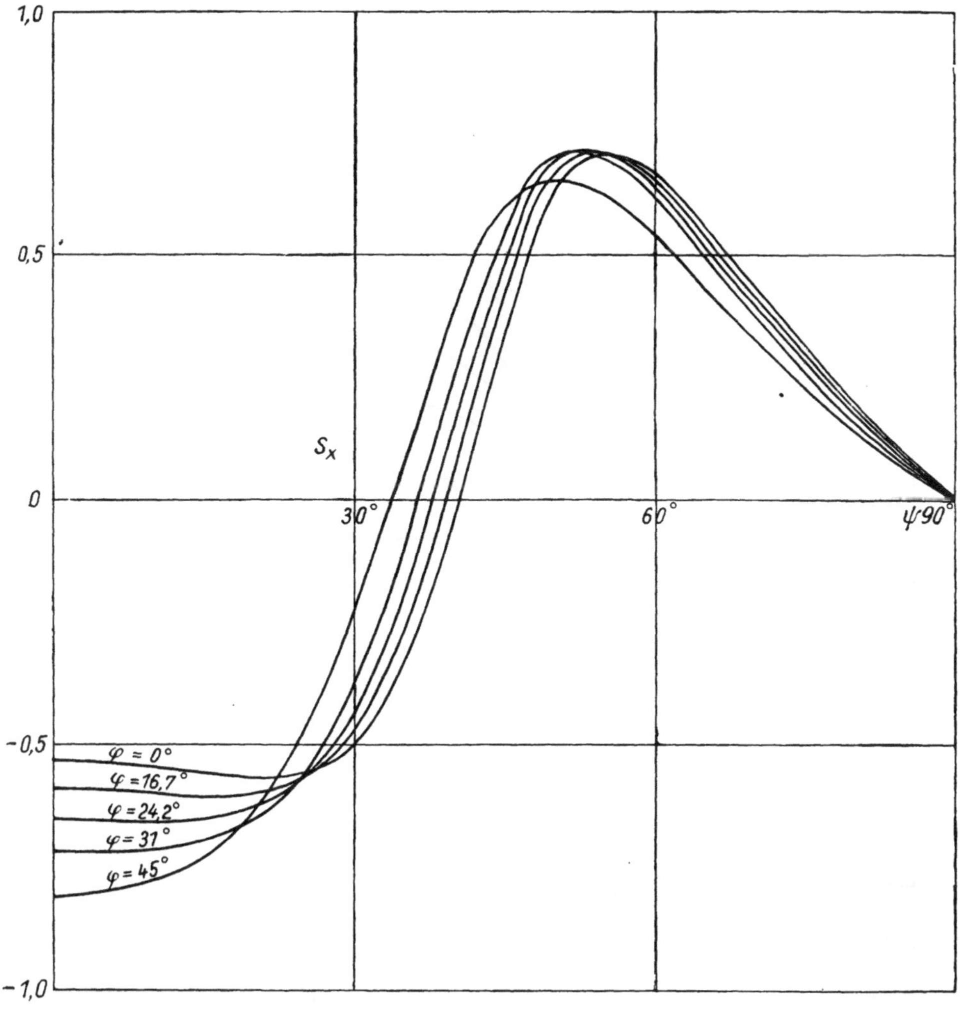

Fig. 4

Fig. 3—5. Die Verschiebungskomponenten s_x, s_y, s_z in einem unendlich ausgedehnten Kupferkristall auf einer Kugel (Radius r) infolge einer Doppelkraft in z-Richtung (P_{zz}) im Kugelmittelpunkt. Die Verschiebungen sind aufgetragen in Einheiten $P_{zz}/4\pi c_{44} r^2$ für verschiedene Meridianschnitte φ in Abhängigkeit von der Höhe $\psi = 90° - \vartheta$ auf $^1/_{10}$ der Oberfläche. Die Koordinatenachsen liegen auf den kristallographischen Achsen

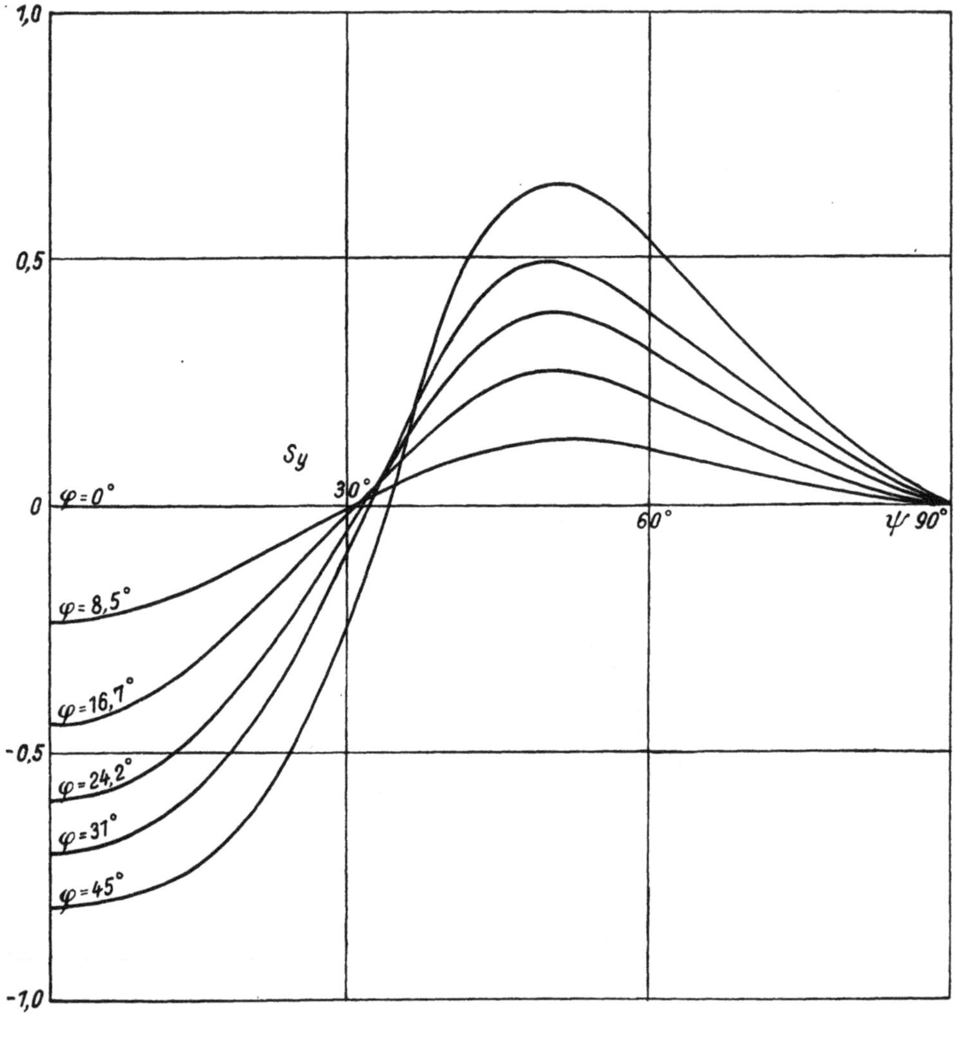

Fig. 5

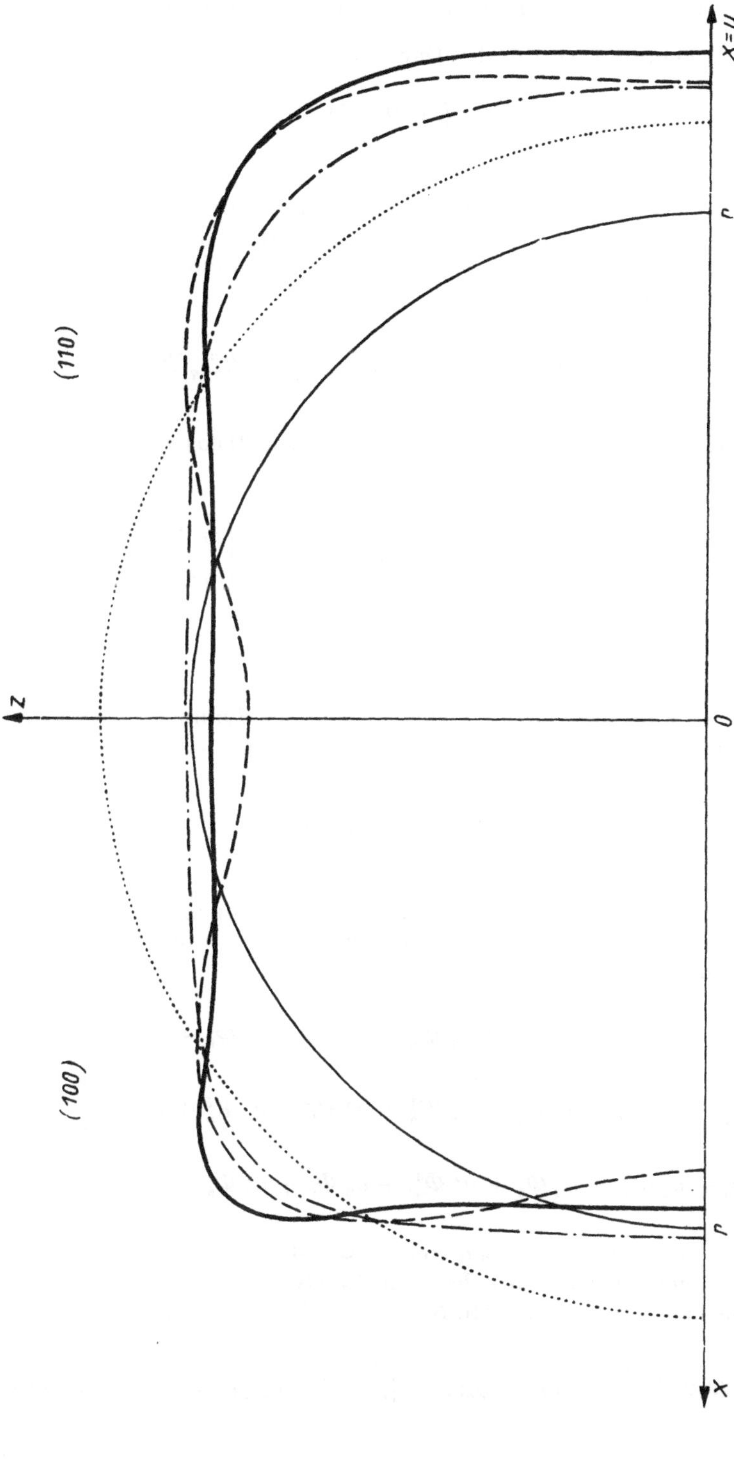

Fig. 6. Deformation einer Kugel mit Radius r in einem unendlich ausgedehnten Kupferkristall durch drei Doppelkräfte vom Betrag $P_{11} = P_{22} = P_{33} = 2\pi c_{44} r^3$ im Kugelmittelpunkt (Dilatationszentrum), dargestellt durch je einen Quadranten eines (100)- und eines (110)-Schnittes.

—— exakt, —·—· 1. Näherung, — — — 2. Näherung, · · · isotrope Näherung

3. Reihenentwicklung des Fundamentalintegrals

Für das Fundamentalintegral in der Darstellung nach ZEILON gilt

$$S_{pq}(\mathfrak{r}) = \frac{1}{8\,\pi^3} \int\int\int D_{pq}^{-1}(\mathfrak{k})\, e^{i\mathfrak{k}\mathfrak{r}}\, d\tau_{\mathfrak{k}}\,, \tag{14}$$

wo die Integration über den ganzen $\mathfrak{k}$-Raum mit Ausnahme des Ursprungs zu erstrecken ist und wo $\mathfrak{D}^*/f = \mathfrak{D}^{-1}$ gesetzt wurde. Das Integral (14) ist bis jetzt nur im isotropen Fall geschlossen gelöst worden. Setzt man unter dem Integral für $e^{i\mathfrak{k}\mathfrak{r}}$ die bekannte Entwicklung nach Kugelfunktionen ein, so ergibt sich wie bei KRÖNER [2] die Reihendarstellung

$$S_{pq} = \frac{1}{r} \sum_{n=0}^{\infty} \alpha_n \left[A_{npq}\, \Phi_n + \sum_{m=1}^{n} \left(A_{npq}^m\, \Phi_n^m + B_{npq}^m\, \Psi_n^m \right) \right]. \tag{15}$$

Hierbei bedeutet $\Phi_n = P_n(\cos\vartheta)$, $\Phi_n^m = P_n^m(\cos\vartheta)\cos m\,\varphi$ und $\Psi_n^m = P_n^m(\cos\vartheta)\sin m\,\varphi$. Für die Koeffizienten A, B gilt

$$\left.\begin{aligned} &\left.\begin{matrix} A_{npq}^m \\ B_{npq}^m \end{matrix}\right\} = \frac{2\,n+1}{2\,\pi} \cdot \frac{(n-m)!}{(n+m)!} \int\limits_{\varphi=0}^{2\pi} \int\limits_{\vartheta=0}^{\pi} k^2\, D_{pq}^{-1}(k,\vartheta,\varphi) \left\{\begin{matrix} \Phi_n^m \\ \Psi_n^m \end{matrix}\right\} \sin\vartheta\, d\vartheta\, d\varphi \\ &A_{npq} = \frac{1}{2}\, A_{npq}^0\,. \end{aligned}\right\} \tag{16}$$

Das Produkt $k^2\, D_{pq}^{-1}$ enthält k nicht mehr. Wegen der Symmetrie des Problems benötigen wir im folgenden nur Funktionen mit geradem unteren Index. Dann gilt für die Faktoren α_n[8]) [2]

$$\alpha_0 = \frac{1}{4\,\pi}, \qquad \alpha_{2\nu} = \frac{1}{4\,\pi}(-1)^\nu \frac{1 \cdot 3 \ldots (2\,\nu - 1)}{2 \cdot 4 \ldots (2\,\nu)} \qquad (\nu = 1, 2, \ldots)\,. \tag{17}$$

Für einen kubischen Kristall stellen sich die drei Komponenten von S_{pq}, die den Komponenten des Verschiebungsvektors infolge einer Einzelkraft in z-Richtung entsprechen, dar als

$$\left.\begin{aligned} S_{xz} &= \frac{1}{r}\left(a_2^1\, \Phi_2^1 \,| + a_4^1\, \Phi_4^1 + a_4^3\, \Phi_4^3 \,\| + a_6^1\, \Phi_6^1 + a_6^3\, \Phi_6^3 + a_6^5\, \Phi_6^5 + \cdots\right) \\ S_{yz} &= \frac{1}{r}\left(a_2^1\, \Psi_2^1 \,| + a_4^1\, \Psi_4^1 + a_4^3\, \Psi_4^3 \,\| + a_6^1\, \Psi_6^1 + a_6^3\, \Psi_6^3 + a_6^5\, \Psi_6^5 + \cdots\right) \\ S_{zz} &= \frac{1}{r}\left(a_0\, \Phi_0 + a_2\, \Phi_2 \,| + a_4\, \Phi_4 + a_4^4\, \Phi_4^4 \,\| + a_6\, \Phi_6 + a_6^4\, \Phi_6^4 + \cdots\right). \end{aligned}\right\} \tag{18}$$

Die angeschriebenen Glieder ergeben die Verschiebungen in dritter Näherung. Durch Weglassen der Glieder rechts des doppelten Striches erhält man die zweite, rechts des einfachen Striches die erste Näherung. Die Konstanten a_n^m wurden für

---

[8]) Es ist $\alpha_n = (i^n/2\,\pi^2) \int_0^\infty \psi_n(\varrho)\, d\varrho$, $\psi_n(\varrho) = \sqrt{\frac{\pi}{2\,\varrho}}\, J_{n+1/2}(\varrho)$ (J = BESSEL-Funktion).

das Beispiel Kupfer mit den elastischen Konstanten (13) aus den Gln. (16) und (17) berechnet. In Einheiten $1/c_{11}$ ist

$$\left.\begin{array}{llll} a_2^1 = 0{,}5475\cdot 10^{-1}, & a_6^1 = -0{,}3406\cdot 10^{-2}, & a_0 = 0{,}2075, & a_4^4 = 0{,}5182\cdot 10^{-4} \\ a_4^1 = -0{,}2542\cdot 10^{-2}, & a_6^3 = 0{,}3424\cdot 10^{-4}, & a_2 = 0{,}1107\cdot 10^{-1}, & a_6 = -0{,}1307\cdot 10^{-2} \\ a_4^3 = -0{,}4237\cdot 10^{-3}, & a_6^5 = -0{,}1023\cdot 10^{-5}, & a_4 = -0{,}5181\cdot 10^{-1}, & a_6^4 = -0{,}1430\cdot 10^{-4} \end{array}\right\} . \tag{19}$$

Um die Verschiebungen infolge einer Doppelkraft ohne Moment in z-Richtung zu erhalten, hat man nach (2) die Tensorkomponenten S_{kz} nach z zu differenzieren. Geht man dabei von den Reihendarstellungen (15) bzw. (18) aus, so ist folgendes zu beachten: Die Koeffizienten a_n^m sind (als Folge der Orthogonalität der Kugelflächenfunktionen) so bestimmt, daß jede Näherung optimal ist, d. h. daß für jede Näherung $\widetilde{S}_{pq}$ der Gaußsche Fehler $\iint (S_{pq} - \widetilde{S}_{pq})^2 \, df$, integriert über die Oberfläche der Einheitskugel, zum Minimum wird. Entstünde nun durch Differentiation der Reihen (18) zum Beispiel eine Reihe $\sum\limits_{n,m} c_n^m \Phi_n^m$, in der die angeschriebenen Koeffizienten c_n^m ebenfalls *endgültig* sind, d. h. nicht mehr durch die Hinzunahme weiterer Glieder in der ursprünglichen Reihe beeinflußt werden, so wäre auch die neue Reihe in jeder Näherung optimal. Durch die Differentiation von Kugelflächenfunktionen vom Grade n nach x, y, z entstehen solche vom Grade $n - 1$ und $n + 1$. Wenn man also im vorliegenden Falle eine gegebene Näherung differenziert, so ist das Ergebnis nicht mehr optimal, da man dann ja Glieder in der ursprünglichen Reihe, die noch Beiträge zu den entstehenden Gliedern liefern, unberücksichtigt gelassen hat. Um eine optimale Reihe für die 1. Ableitung des Fundamentalintegrals mit Kugelflächenfunktionen bis zum Grade n (von uns als $\left(\frac{n-1}{2}\right)$te Näherung bezeichnet) zu bekommen, muß man in der Ausgangsreihe bis zu Kugelflächenfunktionen $(n + 1)$ten Grades gehen (oben als $\left(\frac{n+1}{2}\right)$te Näherung bezeichnet) und die beim Differenzieren entstehenden Glieder mit Kugelflächenfunktionen höheren als n-ten Grades wegstreichen. Die im folgenden angegebenen Entwicklungen sind auf diese Weise gewonnen worden.

Die Differentiationsformeln für die Kugelflächenfunktionen und ihre Produkte mit Potenzen von r gewinnt man mit Hilfe der Formeln[9])

$$\left.\begin{aligned} (2n+1)\sin\vartheta P_n^m &= P_{n+1}^{m+1} - P_{n-1}^{m+1} \\ &= (n+m)(n+m-1)\,P_{n-1}^{m-1} \\ &\quad - (n-m+1)(n-m+2)\,P_{n+1}^{m-1} \\ (2n+1)\cos\vartheta P_n^m &= (n-m+1)\,P_{n+1}^m + (n+m)\,P_{n-1}^m \end{aligned}\right\} \tag{20}$$

und der Beziehungen

$$\left.\begin{aligned} 2\cos m\varphi\cos\varphi &= \cos(m+1)\varphi + \cos(m-1)\varphi \\ 2\cos m\varphi\sin\varphi &= \sin(m+1)\varphi - \sin(m-1)\varphi \\ 2\sin m\varphi\cos\varphi &= \sin(m+1)\varphi + \sin(m-1)\varphi \\ 2\sin m\varphi\sin\varphi &= -\cos(m+1)\varphi + \cos(m-1)\varphi\,. \end{aligned}\right\} \tag{21}$$

---

[9]) Man vgl. z. B. MAGNUS–OBERHETTINGER, Formeln und Sätze, 2. Aufl., Springer, Berlin—Göttingen—Heidelberg 1948, S. 74 u. 83. — Unsere P_n^m sind, wie üblich, von denen bei MAGNUS–OBERHETTINGER um den Faktor $(-1)^m$ verschieden.

Man erhält für die in Frage kommenden Formen

$$\nabla\left(\frac{1}{r}\begin{Bmatrix}\Phi_n^m\\ \Psi_n^m\end{Bmatrix}\right)=\frac{1}{r^2}\cdot\frac{1}{2\,(2\,n+1)}\times$$

$$\times\left\{\begin{array}{l}
(n+m)\,(n+m-1)\,n\begin{Bmatrix}\Phi_{n-1}^{m-1}\\ \Psi_{n-1}^{m-1}\end{Bmatrix}+(n-m+1)\,(n-m+2)\,(n+1)\begin{Bmatrix}\Phi_{n+1}^{m-1}\\ \Psi_{n+1}^{m-1}\end{Bmatrix}-\\
\qquad\qquad -\,n\begin{Bmatrix}\Phi_{n-1}^{m+1}\\ \Psi_{n-1}^{m+1}\end{Bmatrix}-(n+1)\begin{Bmatrix}\Phi_{n+1}^{m+1}\\ \Psi_{n+1}^{m+1}\end{Bmatrix}\\
(n+m)\,(n+m-1)\,n\begin{Bmatrix}-\Psi_{n-1}^{m-1}\\ \Phi_{n-1}^{m-1}\end{Bmatrix}+(n-m+1)\,(n-m+2)\,(n+1)\begin{Bmatrix}-\Psi_{n+1}^{m-1}\\ \Phi_{n+1}^{m-1}\end{Bmatrix}+\\
\qquad\qquad +\,n\begin{Bmatrix}-\Psi_{n-1}^{m+1}\\ \Phi_{n-1}^{m+1}\end{Bmatrix}+(n+1)\begin{Bmatrix}-\Psi_{n+1}^{m+1}\\ \Phi_{n+1}^{m+1}\end{Bmatrix}\\
2\,(n+m)\,n\begin{Bmatrix}\Phi_{n-1}^{m}\\ \Psi_{n-1}^{m}\end{Bmatrix}-2\,(n-m+1)\,(n+1)\begin{Bmatrix}\Phi_{n+1}^{m}\\ \Psi_{n+1}^{m}\end{Bmatrix}
\end{array}\right\}. \tag{22}$$

Die zur Gewinnung der Verschiebungen infolge einer Doppelkraft in z-Richtung erforderliche Differentiation nach z ist besonders einfach. Man erhält aus (18) in zweiter Näherung

$$\left.\begin{array}{l}
-S_{xz,z}=\frac{1}{r^2}\,(b_1^1\,\Phi_1^1+b_3^1\,\Phi_3^1+b_3^3\,\Phi_3^3|+b_5^1\,\Phi_5^1+b_5^3\,\Phi_5^3+b_5^5\,\Phi_5^5)\\
-S_{yz,z}=\frac{1}{r^2}\,(b_1^1\,\Psi_1^1+b_3^1\,\Psi_3^1+b_3^3\,\Psi_3^3|+b_5^1\,\Psi_5^1+b_5^3\,\Psi_5^3+b_5^5\,\Psi_5^5)\\
-S_{zz,z}=\frac{1}{r^2}\,(b_1\,\Phi_1+b_3\,\Phi_3|+b_5\,\Phi_5+b_5^4\,\Phi_5^4)\,.
\end{array}\right\} \tag{23}$$

Dabei hängen die b_n^m mit den a_n^m auf folgende Weise zusammen:

$$b_n^m=-\frac{(n+m+1)\,(n+1)}{2\,n+3}\,a_{n+1}^m+\frac{(n-m)\,n}{2\,n-1}\,a_{n-1}^m\,. \tag{24}$$

Sie ergeben sich mit den Zahlenwerten (19) in Einheiten $1/c_{11}$ zu

$$\left.\begin{array}{llll}
b_1^1=-0{,}6569\cdot10^{-1}, & b_5^1=0{,}5358\cdot10^{-2}, & b_1=0{,}1986, & b_5=-0{,}1403\\
b_3^1=0{,}7134\cdot10^{-1}, & b_5^3=-0{,}6130\cdot10^{-3}, & b_3=0{,}1120, & b_5^4=0{,}9481\cdot10^{-4}\\
b_3^3=0{,}1318\cdot10^{-2}, & b_5^5=0{,}5194\cdot10^{-5}, & &
\end{array}\right\}. \tag{25}$$

Liegen die Einzelkraft und die Doppelkraft nicht in z-Richtung, sondern in x- oder y-Richtung, so erhält man die Verschiebungen in analoger Weise, wenngleich auch die den Gleichungen (18) und (23) entsprechenden Ausdrücke dann etwas komplizierter werden. Am einfachsten bekommt man jedoch die neuen Ausdrücke, indem man in (18) und (23) zur Darstellung in kartesischen Koordinaten übergeht und dann hier die Koordinaten vertauscht.

Die Güte der verschiedenen Näherungen erkennt man an Fig. 6, wo außer den exakten Kurven für den Fall dreier gleicher, zueinander senkrechter Doppelkräfte auch die erste und zweite Näherung dargestellt sind; die nullte Näherung (in (23) den Gliedern mit Grad 1 entsprechend) würde die Kugelform wie im isotropen Fall erhalten. Nach der Fig. 6 scheint die zweite Näherung nicht wesentlich besser zu sein als die erste; wenn man dagegen die (nicht dargestellten) Verhältnisse für eine einzelne Doppelkraft betrachtet, ergibt sich eine deutliche Verbesserung. Die zweite Näherung stellt also schon eine ziemlich gute Annäherung an die exakten Verhältnisse dar und wird für viele Anwendungen wohl ausreichend sein. Die Anwendung der vorstehenden Resultate auf die Berechnung von Bildungs- und Wanderungsenergien sowie der Verzerrungen von Zwischengitteratomen wird in einer weiteren Arbeit gegeben werden.

Die Verfasser danken den Herren Dozent Dr. E. Kröner, Dr. H. Bross, Dr. G. Schottky und cand. phys. W. Häcker für wertvolle Anregungen und Diskussionen und der Deutschen Forschungsgemeinschaft für ihre Unterstützung.

Literatur

[1] M. Gebbia, Ann. di mat. [IIIa] **10**, 157 (1904), insb. S. 187.
[2] E. Kröner, Z. Physik **136**, 402 (1953).
[3] E. Kröner, Kontinuumstheorie der Versetzungen und Eigenspannungen, § 16, Springer, Berlin—Göttingen—Heidelberg 1958.
[4] I. Fredholm, Acta math., Stockh. **23**, 1 (1900).
[5] N. Zeilon, Ark. Mat. **6**, Nr. 23 (1911).
[6] W. Overton und J. Gaffney, Phys. Rev. **98**, 969 (1955).

(Eingegangen am 13. 3. 1961)

Physikalisch-Technisches Institut der Deutschen Akademie der Wissenschaften zu Berlin, Bereich elektrischer Durchschlag

Über die elastischen Eigenschaften von Kristallgittern mit Wurtzitstruktur[1)]

I. Experimentelle Untersuchungen an hexagonalen Kadmiumsulfid-Einkristallen

Von

E. Gutsche

Im Teil I der Arbeit wird über die Messung der linearen Kompressibilitäten und des vollständigen Satzes der fünf unabhängigen elastischen Konstanten von hexagonalen Kadmiumsulfid-Einkristallen berichtet. Die Meßwerte zeigen eine angenäherte elastische Isotropie und eine beträchtliche Verletzung der Cauchy-Relationen.

Part I of this paper reports measurements of the linear compressibilities, and of the complete set of the five independent elastic constants, of hexagonal cadmium sulphide mono-crystals. The measured quantities show an approximate elastical isotropy and furnish a remarkable violation of the Cauchy relations.

1. Einleitung

In der Wurtzitstruktur kristallisiert eine Reihe von AB-Verbindungen, die als Photohalbleiter und Phosphore eine gewisse physikalische und technische Bedeutung erlangt haben, z. B. Zinksulfid, Kadmiumsulfid, Zinkoxyd u. a. Bei der Untersuchung der physikalischen Eigenschaften dieser Stoffe standen bis vor kurzem naturgemäß vor allem Fragen der Photoleitfähigkeit und der Lumineszenz im Vordergrund des Interesses. Die systematische Untersuchung so wesentlicher Grundgittereigenschaften wie z. B. der Energiebandstruktur oder der mit den Gitterschwingungen verknüpften Erscheinungen wurde dagegen erst in jüngster Zeit in Angriff genommen. Auch die mechanischen und thermischen Eigenschaften sind nicht nur für die Kristalle mit Wurtzitstruktur, sondern darüberhinaus auch für die meisten Kristalle mit der der Wurtzitstruktur nahe verwandten Zinkblendestruktur noch weitgehend unbekannt.

Unter den Stoffen mit Wurtzitstruktur spielt das Kadmiumsulfid wegen einer Reihe hervorragender physikalischer Eigenschaften, insbesondere seiner außerordentlich hohen Photoempfindlichkeit bei extrem niedrigem Dunkelstrom, eine besondere Rolle. Im Zusammenhang mit Untersuchungen über den Einfluß elastischer Deformationen auf optische und photoelektrische Eigenschaften von Kadmiumsulfid-Einkristallen[2)] wurden auch die makroskopischen elastischen Parameter von CdS bestimmt. Über diese Messungen wird im vorliegenden Teil I dieser Arbeit berichtet.

Die Ergebnisse dieser experimentellen Untersuchungen regten dazu an, die elastischen Eigenschaften von Gittern mit Wurtzitstruktur auch vom gittertheoretischen Standpunkt genauer zu untersuchen. Die Ergebnisse dieser Untersuchungen werden im folgenden Teil II[3)] behandelt.

[1)] Teilauszug aus der Dissertation des Verfassers (Humboldt-Universität, Berlin 1960).

[2)] Eine ausführliche Veröffentlichung über diese Untersuchungen erscheint demnächst in dieser Zeitschrift.

[3)] Teil II der Arbeit erscheint im nächsten Heft.

2. Die Kristalle

Es wurden synthetische Einkristalle untersucht, die durch Sublimation von hochgereinigtem CdS-Pulver bei etwa 950 °C hergestellt worden waren. Dieses Züchtungsverfahren liefert in der Regel plättchenförmige Kristalle mit Abmessungen von etwa 10 mm × 2 mm × 0,05 mm. Gelegentlich fallen auch nadelförmige Kristalle mit einem angenähert regelmäßigen Sechseck als Querschnittsfläche an. Die Länge dieser Nadeln beträgt etwa 10—20 mm, ihre Dicke etwa 0,1 mm. Beide Formen wurden bei den Messungen verwendet.

Die Lage der kristallographischen Achsen wurde an den untersuchten Proben röntgenographisch bestimmt. Die hexagonale Achse (*c*-Achse) lag in Übereinstimmung mit diesbezüglichen Literaturangaben [1] bei den plättchenförmigen Kristallen in der Plättchenebene, parallel zu einer schwach erkennbaren Riefelung. Bei den nadelförmigen Kristallen fiel die Richtung der hexagonalen Achse mit der Nadelachse zusammen.

Die untersuchten Proben wurden sorgfältig aus einer Vielzahl von Kristallen ausgesucht. Es wurden nur glatte und gut gewachsene Kristalle bei den Messungen verwendet.

3. Messung der Kompressibilität

Bei Kristallen mit hexagonaler Symmetrie sind die linearen Kompressibilitäten parallel und senkrecht zur hexagonalen Achse prinzipiell verschieden. Zur vollständigen Bestimmung des Kompressibilitätsverhaltens ist daher die Messung der beiden linearen Kompressibilitäten $\varkappa_{\parallel}$ und $\varkappa_{\perp}$ erforderlich, aus denen sich die Volumenkompressibilität gemäß der Beziehung $\varkappa = \varkappa_{\parallel} + 2\,\varkappa_{\perp}$ ergibt.

a) Die Meßanordnung

Die geringen Abmessungen der zur Verfügung stehenden Kristalle und die Tatsache, daß die Kristalle praktisch nicht durch mechanische Bearbeitung in eine für die Messung geeignete Form gebracht werden können, schlossen die Anwendung eines der bekannten Präzisionsverfahren zur Bestimmung der Kompressibilität von vornherein aus. Es wurde daher ein Meßverfahren gewählt, daß den gegebenen Kristallen angepaßt war und bei dem Hochdruckapparaturen, die für die Messung des Einflusses hohen hydrostatischen Druckes auf optische und photoelektrische Eigenschaften entwickelt worden waren, ohne wesentliche Änderungen benutzt werden konnten.

Alle Messungen wurden bei 20 °C ausgeführt. Der Druckbereich erstreckte sich zunächst bis 4000 kp/cm² und wurde später bis 12000 kp/cm² erweitert. Zur Druckerzeugung diente im Bereich bis 4000 kp/cm² eine einstufige Spindelpresse, im Bereich bis 12000 kp/cm² eine zweistufige hydraulische Presse. Die Druckkammern waren als Kreuzkammern ausgebildet, die mit zwei diametral angeordneten Fenstern versehen waren. Als Druckflüssigkeiten dienten Rhizinusöl bzw. ein Glyzerin–Wasser-Gemisch im Verhältnis 1 : 1. Die Druckmessung erfolgte mit einem geeichten Manganin-Widerstandsmanometer mit einer Genauigkeit von 1,5%[4]).

Für die Bestimmung der Kompressibilität wurden ausschließlich plättchenförmige Kristalle verwendet. Der Kristall befand sich für die Messung auf einem Halter bekannter Kompressibilität und wurde von zwei Federn fest gegen einen

---

[4]) Eine genauere Beschreibung der Hochdruckapparaturen erfolgt in einer späteren Veröffentlichung.

Anschlag des Halters gedrückt (Fig. 1). Der Halter war so in der Druckkammer angeordnet, daß sich der in Fig. 1 durch den kleinen Kreis S markierte Ausschnitt unmittelbar vor einem der beiden Fenster der Druckkammer befand. Durch dieses Fenster wurde der durch das zweite Fenster intensiv beleuchtete Ausschnitt S dann in etwa 100-facher Vergrößerung auf eine photographische Platte abgebildet und bei verschiedenen Drücken photographiert.

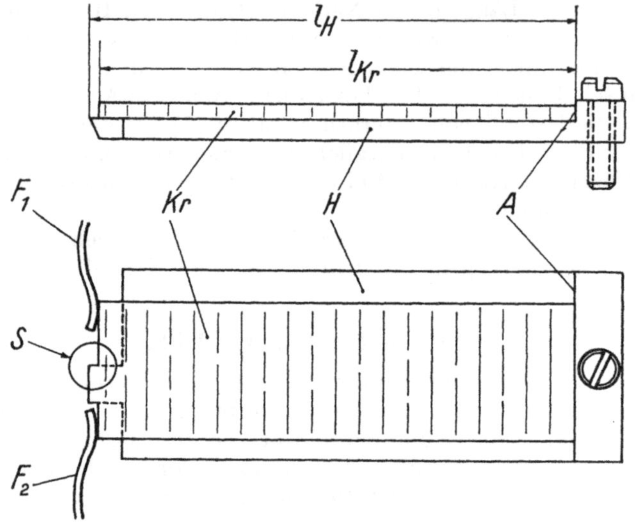

Fig. 1. Meßanordnung zur Bestimmung der Kompressibilität
(Kr Kristall; H Kristallhalter; l_{Kr} Länge des Kristalls; l_H Vergleichslänge des Kristallhalters; A Anschlag; F_1, F_2 Federn; S abgebildeter Ausschnitt)

Die Änderungen Δl des Abstandes zwischen Kristallkante und Halterkante wurden an den bei den verschiedenen Druckstufen gemachten Aufnahmen mit Hilfe eines Photometers ausgemessen. Die gesuchte lineare Kompressibilität des Kristalls ergibt sich dann aus der einfachen Beziehung

$$\varkappa_l^{\mathrm{CdS}} = \frac{\Delta l}{V \cdot \Delta p \cdot l_{\mathrm{CdS}}} + \frac{l_H}{l_{\mathrm{CdS}}} \varkappa_l^H .$$

Δl ist die auf der Platte ausphotometrierte Änderung des Abstandes zwischen Kristallkante und Halterkante bei der Druckänderung Δp, V der Abbildungsmaßstab, l_H die Vergleichslänge des Kristallhalters, l_{CdS} die Kristallänge, $\varkappa_l^H$ die lineare Kompressibilität des Haltermaterials.

Als Haltermaterial wurde bei einigen Messungen Nickel, bei den meisten Messungen jedoch Eisen mit einem Reinheitsgrad von 99,8% benutzt. Als Vergleichswerte wurden die von BRIDGMAN [2] gemessenen Werte $\varkappa_l^{\mathrm{Fe}} = 0{,}1942 - 0{,}23 \cdot 10^{-6}\, p$ $[10^{-6}\ \mathrm{cm^2/kp}]$ bzw. $\varkappa_l^{\mathrm{Ni}} = 0{,}175 - 0{,}7 \cdot 10^{-6}\, p$ $[10^{-6}\ \mathrm{cm^2/kp}]$ benutzt.

b) *Meßergebnisse*

Es wurden Messungen an insgesamt acht Kristallen ausgeführt. Als Mittelwerte über alle Einzelwerte ergaben sich für die linearen Kompressibilitäten von CdS:

$$\varkappa_\perp = (5{,}4 \pm 0{,}2) \cdot 10^{-7}\ [\mathrm{cm^2/kp}]$$
$$\varkappa_\parallel = (5{,}8 \pm 0{,}2) \cdot 10^{-7}\ [\mathrm{cm^2/kp}]\,,$$

und hieraus für die Volumenkompressibilität

$$\varkappa = (1{,}66 \pm 0{,}05) \cdot 10^{-6}\ \mathrm{cm^2/kp}.$$

Die angegebenen Fehler wurden aus der Streuung der Einzelwerte ($\approx 5\%$) und den systematischen Fehlern (Ungenauigkeit der Druckmessung, des Abbildungsmaßstabes, Änderung des Abbildungsmaßstabes mit dem Druck u. a.), die teils durch Kontrollmessungen ermittelt, teils geschätzt wurden, bestimmt.

Um darüber hinaus einen weiteren zusätzlichen Anhaltspunkt für die Zuverlässigkeit des benutzten Meßverfahrens zu erhalten, wurden auch einige Kontrollmessungen durchgeführt. bei denen der CdS-Kristall durch Metallproben aus Silber bzw. Aluminium ersetzt worden war. Dabei konnten die Tabellenwerte für diese Stoffe mit einem Fehler kleiner als 2% reproduziert werden.

Eine Auswertung der für die einzelnen Druckstufen ermittelten Kompressibilitätswerte ergab für die Änderung der linearen Kompressibilität mit dem Druck einen Wert von $-2 \cdot 10^{-12}\ \mathrm{cm^4/kp^2}$. Der Fehler dieses Wertes ist allerdings von der gleichen Größenordnung.

4. Bestimmung des vollständigen Satzes der elastischen Konstanten

Das elastische Verhalten von Kristallen des hexagonalen Systems ist durch fünf unabhängige makroskopische elastische Konstanten bestimmt. Zur Ermittlung des vollständigen Satzes der elastischen Konstanten sind daher auch fünf unabhängige Messungen erforderlich. Bei wenigstens einer dieser Messungen muß der Kristall auf Scherung beansprucht werden.

Da die linearen Kompressibilitäten bereits zwei Bestimmungsgleichungen für die elastischen Parameter liefern, lag es nahe, den vollständigen Satz der elastischen Konstanten durch Ausführung dreier weiterer statischer Messungen zu ermitteln. Da bei den statischen Methoden die Verformung bei gegebener Belastung gemessen wird, bestimmt man bei ihnen primär die Elastizitätskoeffizienten s_{ik}, und zwar im Gegensatz zu den heute gebräuchlicheren dynamischen Methoden, bei denen man die adiabatischen Konstanten mißt, die isothermen Größen.

Die den gegebenen Kristallen am besten angepaßten Meßanordnungen sind Biegungs- und Torsionsmessungen. Die Biegung von Kristallplättchen senkrecht zur Längsachse bedeutet eine Biegung um die c-Achse und liefert direkt den Elastizitätskoeffizienten s_{11}. Bei entsprechenden Biegungsmessungen an nadelförmigen Kristallen erhält man s_{33}, und Torsionsmessungen ergeben bei Drillung um die Längsachse sowohl an Plättchen als auch an Nadeln die Konstante s_{44} (vgl. [3]).

a) Meßanordnung für die Biegungsmessungen

Die Biegungsmessungen wurden mit der in Fig. 2 schematisch wiedergegebenen Versuchsanordnung durchgeführt. Zur Messung der Auslenkung s wurde der Kristall in etwa 40-facher Vergrößerung auf eine Skala projiziert. Die Aus-

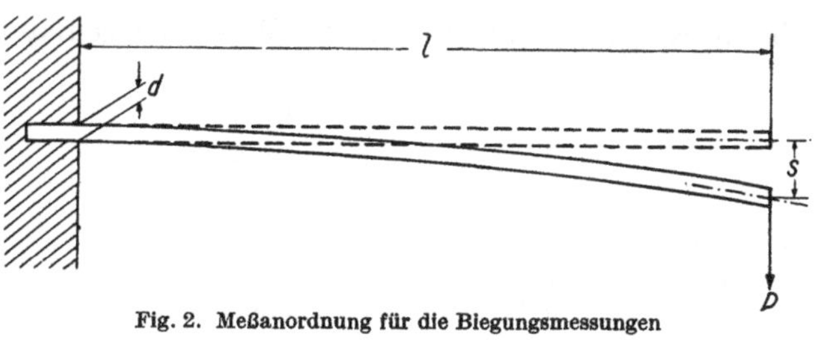

Fig. 2. Meßanordnung für die Biegungsmessungen

lenkung war bei allen untersuchten Kristallen bis zum Maximalwert der Belastung streng proportional und ausgezeichnet reproduzierbar.

Der Elastizitätskoeffizient s_{11} ergibt sich für plättchenförmige Kristalle aus den Meßdaten nach der Beziehung [3].

$$s_{11} = \frac{d^3 b}{4 l^3} \frac{(s - \gamma l)}{P} .$$

d, b, l kennzeichnen die Dicke, Breite, Länge des Kristalls; P die Belastung.

Für nadelförmige Kristalle wurde eine ähnlich gebaute Formel benutzt.

Die obige Formel gilt, solange die Querschnitte eben bleiben und senkrecht auf der neutralen Faser stehen. Damit dies der Fall ist, muß $d \ll \varrho$ (ϱ Krümmungsradius der Probe) und $s \ll l$ sein. Diese Bedingungen waren im Experiment durchweg sehr gut erfüllt. Das Glied γl berücksichtigt in erster Näherung die zwischen benachbarten Querschnitten auftretenden Schubspannungen. Für $d \ll l$, was bei den untersuchten Kristallen der Fall war, ist $\gamma l \ll s$ und kann vernachlässigt werden.

Um bei den nadelförmigen Kristallen Meßfehler, die sich aus Unregelmäßigkeiten der Querschnittsfläche ergeben könnten, nach Möglichkeit auszuschalten, waren diese Kristalle in einer Trommel mit Kreisteilung drehbar gelagert. An jedem Kristall wurden insgesamt 12 Meßreihen aufgenommen, wobei der Kristall nach jeder Meßreihe um einen Winkel von 30° um seine Längsachse gedreht wurde.

Besondere Sorgfalt wurde auf die Dickenbestimmung verwandt, die insbesondere bei den Kristallplättchen entscheidend für die Meßgenauigkeit des Endergebnisses war. Da die Dicke d im allgemeinen nicht genau konstant war, wurde d an 10 bis 20 äquidistanten Punkten längs des Kristalls mit einem Meßmikroskop bestimmt. Über die einzelnen so ermittelten Dickenwerte bzw. ihre Potenzen wurde dann in geeigneter Weise gemittelt[5]). Bei einigen Kristallen wurde zur Kontrolle die Messung nach Vertauschung von eingespanntem und belastetem Probenende wiederholt.

b) Meßanordnung für die Torsionsmessungen

Zur Bestimmung von s_{44} wurden die Kristalle mit der in Fig. 3 schematisch wiedergegebenen Versuchsanordnung tordiert, wobei die Auslenkung als Funktion der Belastung gemessen wurde. Die Reibung der Umlenkrollen wurde durch Lagerung auf Spitzen so gering gehalten, daß sie auf die Meßergebnisse keinen Einfluß hatte, wie durch Kontrollmessungen sichergestellt wurde. Der Fehler, der dadurch entsteht, daß Drehachse und Spiegelachse nicht zusammenfallen, ist von der Ordnung D/L und war beim Versuch kleiner als 1%. Auch bei diesen Messungen war die Auslenkung der Belastung streng proportional und gut reproduzierbar.

s_{44} ergibt sich für Kristallplättchen aus den Meßdaten gemäß der Beziehung

$$s_{44} = \frac{d^3 b \left(1 - 0{,}63 \frac{d}{b}\right)}{6 l D L} \cdot \frac{s}{P} .$$

[5]) Da bei den beschriebenen Biegungsversuchen die Belastung eines Querschnittes proportional dem Abstand vom belasteten Probenende zunimmt, wurden den einzelnen Dickenwerten nach der Einspannstelle hin anwachsende Gewichte beigelegt.

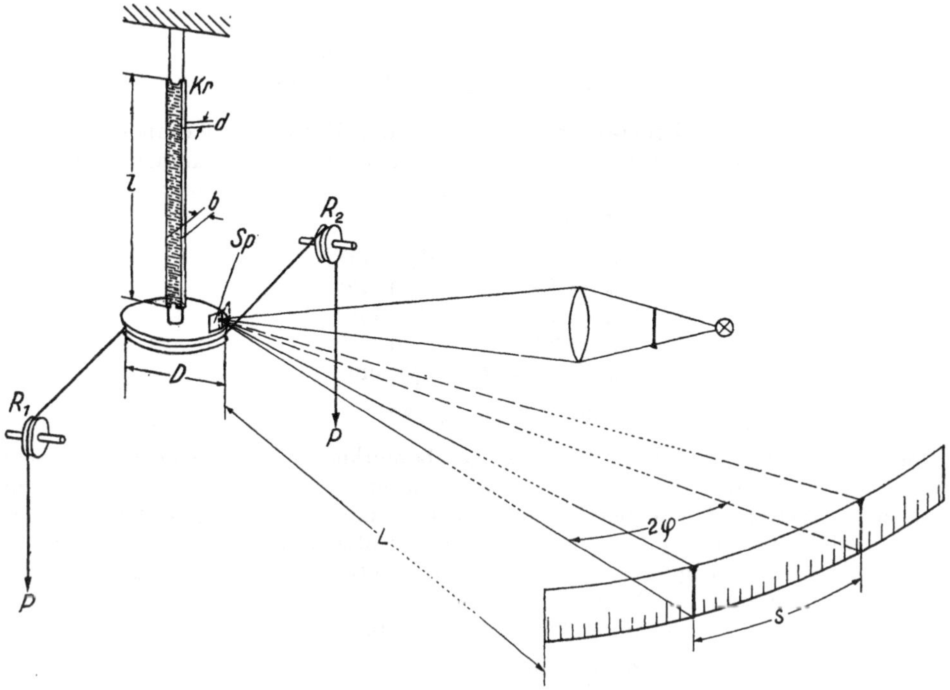

Fig. 3. Meßanordnung für die Torsionsmessungen (*Kr* Kristall; *Sp* Spiegel; R_1, R_2 Umlenkrollen; *d, b, l,* Dicke, Breite, Länge des Kristalls; *D* Durchmesser der zur Erzeugung des Drehmomentes dienenden Scheibe; *L* Abstand Spiegel-Skala, φ Torsionswinkel; *s* auf der Skala gemessene Auslenkung; *P* Belastung)

Die Bedeutung der Symbole ist aus Fig. 3 ersichtlich. Diese Formel gilt unter ähnlichen Voraussetzungen wie diejenigen, die zur Auswertung der Biegungsmessungen benutzt wurden. Auch hier waren diese Voraussetzungen im Experiment gut erfüllt. Die Dickenbestimmung erfolgte in gleicher Weise wie bei den Biegungsmessungen.

c) Meßergebnisse

Es wurden Biegungs- und Torsionsmessungen an jeweils fünf Kristallen durchgeführt. Für die Elastizitätskoeffizienten s_{ik} ergaben sich dabei folgende Mittelwerte:

$$s_{11} = (2{,}22 \pm 0{,}06) \cdot 10^{-12}\ [\mathrm{cm^2/dyn}]\,,$$
$$s_{33} = (2{,}19 \pm 0{,}08) \cdot 10^{-12}\ [\mathrm{cm^2/dyn}]\,,$$
$$s_{44} = (7{,}0 \pm 0{,}4) \cdot 10^{-12}\ [\mathrm{cm^2/dyn}]^{6})\,.$$

Bei den angegebenen Fehlern wurden die verhältnismäßig geringe Streuung der Einzelwerte und die systematischen Fehler berücksichtigt.

Aus den obigen Größen und den linearen Kompressibilitäten lassen sich die beiden restlichen unabhängigen Elastizitätskoeffizienten s_{12} und s_{13} mit Hilfe der Beziehungen

$$\varkappa_\perp = s_{11} + s_{12} + s_{13}\,, \qquad \varkappa_\parallel = s_{33} + 2\, s_{13}$$

[6]) Dieses Ergebnis für s_{44} wurde an nadelförmigen Kristallen erhalten. Die Torsionsmessungen an Kristallplättchen ergaben $s_{44} = (7{,}2 \pm 0{,}6) \cdot 10^{-12}\ \mathrm{cm^2/dyn}$.

ermitteln. Man erhält

$$s_{12} = (-0{,}87 \pm 0{,}07) \cdot 10^{-12} \ (\mathrm{cm^2/dyn}]$$
$$s_{13} = (-0{,}80 \pm 0{,}04) \cdot 10^{-12} \ [\mathrm{cm^2/dyn}] .$$

Durch Auflösen des Gleichungssystems, das die Verzerrungskomponenten als Funktion der Spannungskomponenten darstellt, nach den Spannungskomponenten lassen sich aus den Elastizitätskoeffizienten s_{ik} die Elastizitätsmoduln c_{ik} berechnen. Es ergeben sich folgende Werte:

$$\begin{aligned} c_{11} &= 8{,}1 \ \cdot 10^{11} \ \mathrm{dyn/cm^2} \\ c_{12} &= 4{,}9 \ \cdot 10^{11} \ \mathrm{dyn/cm^2} \\ c_{13} &= 4{,}8 \ \cdot 10^{11} \ \mathrm{dyn/cm^2} \\ c_{33} &= 8{,}0 \ \cdot 10^{11} \ \mathrm{dyn/cm^2} \\ c_{44} &= 1{,}43 \cdot 10^{11} \ \mathrm{dyn/cm^2}, \end{aligned}$$

sowie $c_{66} = 1/2\,(c_{11} - c_{12}) = 1{,}60 \cdot 10^{11}\,\mathrm{dyn/cm^2}$.[7])

Man entnimmt diesen Meßwerten das bemerkenswerte Resultat, daß sich hexagonales CdS offenbar näherungsweise wie ein isotropes elastisches Medium verhält[8]). Weiter ist eine beträchtliche Verletzung der CAUCHY-Relationen des hexagonalen Systems $c_{13} = c_{44}$ und $c_{11} = 3\,c_{12}$ festzustellen. Diese Sachverhalte bildeten den Ausgangspunkt für eine gittertheoretische Untersuchung der elastischen Eigenschaften des Wurtzitgitters auf der Grundlage eines Zentralkraftmodells, über die im folgenden Teil II dieser Arbeit berichtet wird.

Herrn Prof. Dr. K. W. BÖER danke ich für sein förderndes Interesse an dieser Arbeit.

Literatur

[1] H. GOBRECHT und A. BARTSCHAT, Z. phys. **136**, 224 (1953).
[2] W. BRIDGMAN, Proc. Am. Acad. **74**, 11 (1940).
[3] W. VOIGT, Lehrbuch der Kristallphysik, 2. Aufl., S. 716 ff., B. G. Teubner, Leipzig 1928.
[4] E. GUTSCHE, Naturwiss. **23**, 566 (1958).
[5] T. MASUMI und T. TANAKA, J. Phys. Soc. Jap. **14**, 1313 (1959).
[6] BOLEF, MELAMED und MENES, Bull. Am. Phys. Soc. **5**., 169 (1960).

(Eingegangen am 21. 3. 1961)

[7]) Diese Meßergebnisse wurden bereits früher in [4] mitgeteilt. In der Zwischenzeit wurden die Elastizitätsmoduln c_{ik} von CdS auch von MASUMI und TANAKA [5] (außer c_{13}) sowie von BOLEF, MELAMED und MENES [6] nach der Impulsechomethode bestimmt. Die Übereinstimmung der Ergebnisse dieser Autoren mit unseren Werten ist in Anbetracht der grundsätzlichen Verschiedenheit der Meßmethoden und der Tatsache, daß von diesen Autoren die adiabatischen, hier aber die isothermen Konstanten bestimmt wurden, als recht gut zu bezeichnen.

[8]) Die Bedingungen für den isotropen Fall sind $c_{11} = c_{33}$, $c_{12} = c_{13}$ und $c_{44} = c_{66}$.

Institut für Metallphysik am Max-Plank-Institut für Metallforschung, Stuttgart

Die Zonenbildung in Aluminium—Zink-Legierungen

Von

V. Gerold

An Hand absoluter Intensitätsmessungen der Röntgen-Kleinwinkelstreuung wird gezeigt, daß bei Aluminium–Zink-Legierungen die Konzentration der Zinkatome in- und außerhalb der Guinier–Preston-Zonen ganz bestimmte Werte annimmt, die einer metastabilen Mischungslücke entsprechen. Die Konzentrationen sind unabhängig von der Abschrecktemperatur und von der Auslagerungszeit, sie sind nur eine Funktion der Auslagerungstemperatur. Bei Raumtemperatur betragen die berechneten Konzentrationen $m_1 = 69{,}2$ und $m_2 = 1{,}8$ At.%. Es werden Gründe dafür angegeben, daß sich diese Konzentrationen bereits nach sehr kurzer Zeit eingestellt haben.

Diese Resultate können nur an Hand eines zweiphasigen Entmischungsmodells erklärt werden. Das dreiphasige Modell von Walker und Guinier (1953) trifft für diese Legierung nicht zu.

It is shown by measuring the small angle scattering on an absolute scale, that the concentration of Zn atoms inside and outside of the spherical Guinier-Preston zones is a function of the ageing temperature only, and not of the initial concentration of the solid solution. This implies the existence of a metastable miscibility gap in the supersaturated solid solution. Using quantitative values of X-ray scattering from solutions containing 6 to 12 at. % Zn, the concentrations at the limits of the gap at room temperature have been determined as $m_1 = 69.2$ at. % and $m_2 = 1.8$ at. %. Arguments are given which indicate that the miscibility gap develops in very short ageing times.

These results can be explained only by use a zone model which involves two thermodynamically different phases. This is to be compared with the model postulated by Walker and Guinier which involves three different phases.

Einleitung

In den Legierungen Aluminium–Silber und Aluminium–Zink bilden sich bei entsprechender Wärmebehandlung kugelförmige Cluster aus, die als Guinier–Preston-Zonen bekannt sind. Auf Grund von Röntgen-Kleinwinkelaufnahmen weiß man, daß diese Zonen nicht völlig regellos im Mischkristall verteilt sein können. In der Literatur sind zwei Interpretationen für die Zonenverteilung zu finden, die mit der experimentell gemessenen Intensitätsverteilung der Röntgenstrahlung in Einklang stehen. Die erste Interpretation von Guinier [1] besagt, daß die an Legierungsatomen angereicherten Zonen (1) einen gewissen Mindestabstand von der Größenordnung 2 R_2 voneinander besitzen müssen. Die Zonen (1) haben danach eine Nahordnung untereinander, sie stoßen sich gewissermaßen gegenseitig ab. Sie sind in dem an Legierungsatomen verarmten Mischkristall (2) eingelagert. In Fig. 1 ist dieser Zustand in dem zweidimensionalen Modell I dargestellt. Es ist für zwei verschiedene Auslagerungszeiten t_1 und t_2 gezeichnet. Nach dem röntgenographischen Befund müssen sowohl die Radien R_1 als auch die Abstände 2 R_2 mit der Auslagerungszeit wachsen. Das Modell I ist im thermodynamischen Sinn zweiphasig.

Quantitative Intensitätsmessungen an den Legierungen Aluminium–Zink [2] und Aluminium–Silber [3] ergaben, daß das Gesamtvolumen aller Zonen während des Wachstumsprozesses bei einer bestimmten Auslagerungstemperatur konstant bleibt. Deshalb muß das Verhältnis R_1/R_2 konstant, also unabhängig von der jeweiligen Zonengröße R_1 sein.

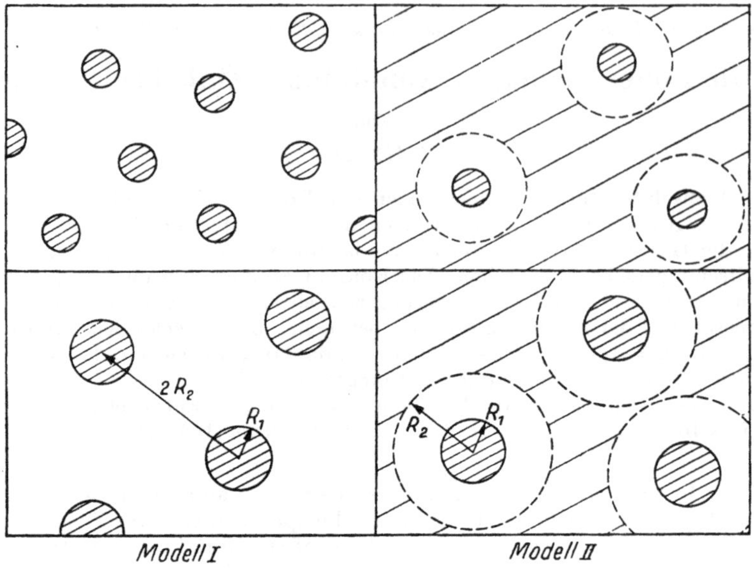

Fig. 1. Zweidimensionale Darstellung der Verteilung von Entmischungszonen nach zwei verschiedenen Auslagerungszeiten t_1 und $t_2 > t$

Eine andere Deutung für die Zonenverteilung wurde von Walker und Guinier [4] gegeben. Danach ist jede an Legierungsatomen angereicherte Zone (1) vom Radius R_1 von einer zweiten Zone (2) umgeben, die an Legierungsatomen verarmt ist. Diese zweite Zone hat einen äußeren Radius R_2. Solche Zonen existieren regellos im übersättigten Mischkristall, wie es in Fig. 1 als Modell II dargestellt ist. Das Wachstum der Zonen in den übersättigten Mischkristall hinein kann mit diesem Modell II leichter erklärt werden als mit dem Modell I. Im Modell II bleibt die Gesamtzahl der Zonen im Verlauf der Auslagerung konstant. Das Gesamtvolumen muß daher proportional zu R_1 zunehmen [3]. Im thermodynamischen Sinn ist das Modell II dreiphasig, da es neben den angereicherten und verarmten Zonen (1) und (2) auch noch Gebiete mit dem übersättigten Mischkristall enthält.

Die Modelle I und II unterscheiden sich dadurch, daß im Modell II nur ein Bruchteil p des übersättigten Mischkristalls in angereicherte Zonen (1) und verarmte Gebiete (2) zerfallen ist. Im Modell I hingegen ist das *gesamte* Volumen in Zonen (1) und (2) zerfallen ($p = 1$).

Obwohl die vorhin genannten quantitativen Experimente [2], [3] dagegen sprechen, hat das Modell II weitgehende Anerkennung gefunden.

Experimentelle Ergebnisse

Im Verlauf unserer Untersuchung der Entmischungskinetik im System Aluminium–Zink [5] hat sich ergeben, daß diese Experimente nur mit dem Modell I zu erklären sind. Wir untersuchten insgesamt drei Legierungen mit Zinkgehalten von 6,8, 9,4 und 11,8 At.%. Die Proben in Gestalt dünner Folien (Dicke, ca. 0,1 mm) wurden von verschiedenen Temperaturen T_H im Bereich von 250° bis 550° abgeschreckt und die Kleinwinkelstreuung der Röntgenstrahlung im

Verlauf der Auslagerung bei 20° verfolgt. Die Intensität wurde dabei mit einem Proportional-Zählrohr in absoluten Einheiten gemessen.

Fig. 2 zeigt die Art der gemessenen Streukurven. Da bei den Untersuchungen ein Primärstrahl mit strichförmigem Querschnitt benutzt wurde, ist der Beugungsring zu kleinen Winkeln hin stark verzerrt wiedergegeben. Da man jedoch den Einfluß dieser Verzerrung theoretisch gut beherrscht [6], [7], lassen sich aus diesen Kurven quantitative Ergebnisse erzielen.

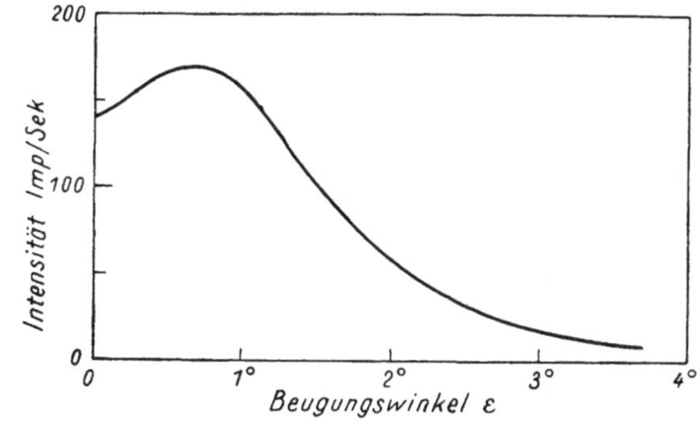

Fig. 2. RÖNTGEN-Kleinwinkelstreuung von Al–Zn-Legierungen

Fig. 3 zeigt die aus den gemessenen Streukurven berechnete Integralintensität Q_0 (Anhang I) als Funktion der Auslagerungszeit bei Raumtemperatur. Die Auslagerungszeiten betrugen dabei 20 Minuten bis 70 Tage. Die Proben waren außerdem von verschiedenen Temperaturen T_H abgeschreckt worden. Wie man sieht, ist Q_0 für jede Legierung sowohl von der Auslagerungszeit als auch von der Abschrecktemperatur T_H unabhängig, obwohl die Entmischungskinetik äußerst unterschiedlich ist. Diese Kinetik ist in Fig. 4 dargestellt, wo der Zonenradius R_1 als Funktion der Zeit und der Abschrecktemperatur für die Legierung mit 6,8 At.% Zn dargestellt ist. Der Zonenradius wurde dabei aus der Winkellage ε_m des Intensitätsmaximums E_m bestimmt nach der Relation

$$R_1 = \frac{c'}{\varepsilon_m}.$$

Die Bestimmung der Konstante c' ist in Anhang II erläutert. Bei den anderen Legierungen sind die Verhältnisse ähnlich [5].

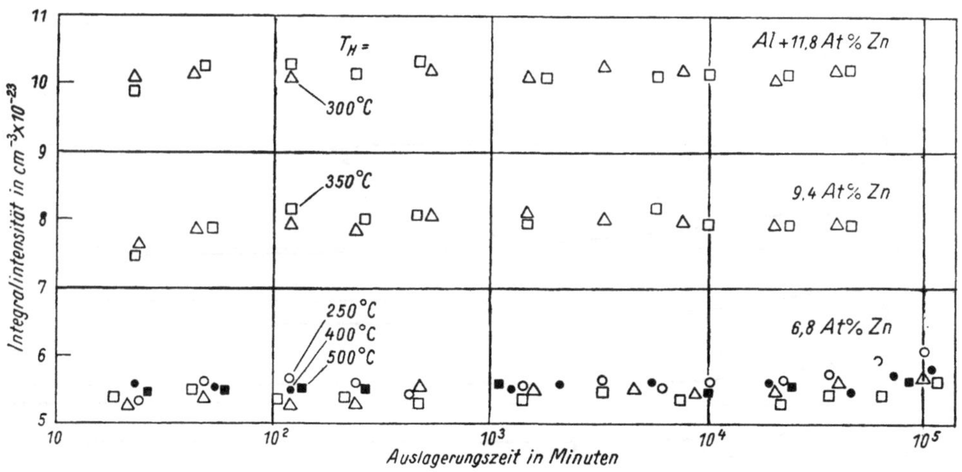

Fig. 3. Die Integralintensität Q_0 für die drei untersuchten Legierungen T_H = Abschrecktemperatur, Auslagerungstemperatur 20 °C

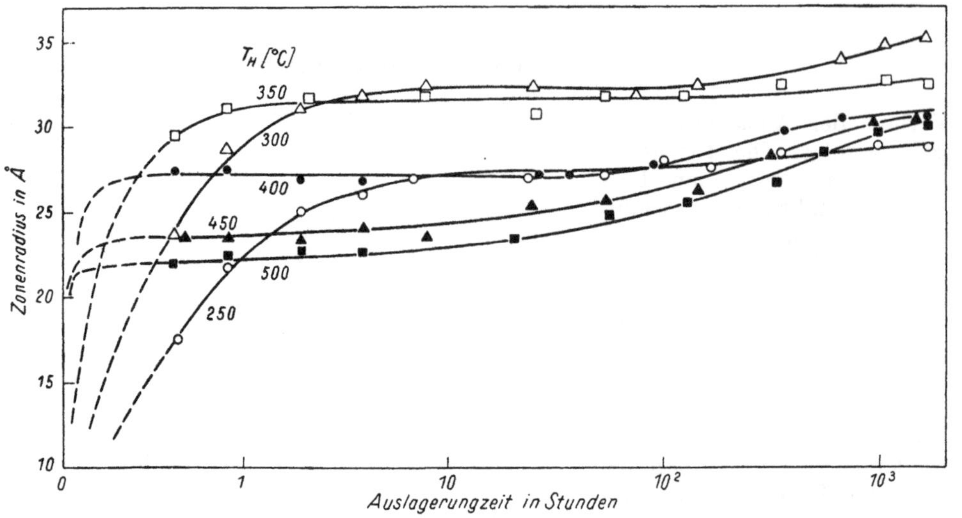

Fig. 4. Die Änderung des Zonenradius R_1 mit der Auslagerungszeit bei Raumtemperatur. Die Abschrecktemperatur T_H variiert von 250 °C bis 500 °C. Al + 6,8 At.% Zn. Zeitmaßstab log (1 + 6 t) in Stunden

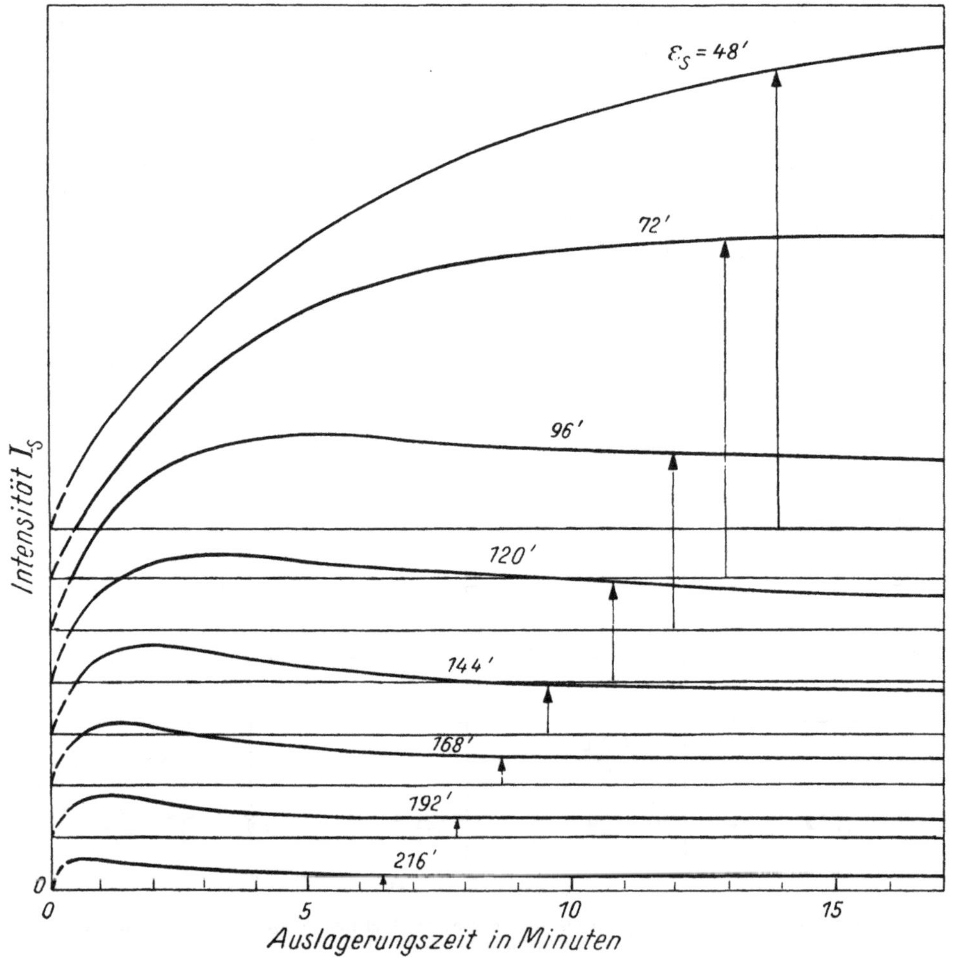

Fig. 5. Die Streuintensität E_S für verschiedene Streuwinkel ε_S als Funktion der Auslagerungszeit bei Raumtemperatur. Al + 6,8 At.% Zn. $TH = 300$ °C. Die Kurven sind parallel zur Ordinatenachse verschoben

Da unmittelbar nach dem Abschrecken die Kleinwinkelstreuung sich zeitlich stark ändert, konnte für kurze Auslagerungszeiten keine Streukurve gemessen werden. Es wurde daher das Zählrohr jeweils auf einen bestimmten Winkel ε_s eingestellt und die bei diesem Winkel auftretende Intensität E_s in Abhängigkeit der Auslagerungszeit t gemessen. Fig. 5 zeigt eine Reihe von solchen Meßkurven für verschiedene Winkel ε_s im Bereich von 48′ bis zu 216′. Die Probe wurde dabei immer von 350° abgeschreckt. Die Messungen begannen jeweils 12—15 Sekunden nach dem Abschrecken.

Die bei kleinen Winkeln gemessenen Streuintensitäten steigen kontinuierlich mit der Zeit an, während bei Winkeln $\varepsilon_s \geqq 96'$ die Intensität ein Maximum durchläuft, das bei um so kleineren Zeiten liegt, je höher der Beugungswinkel ist.

Theoretische Überlegungen

Als ausgezeichnetes Maß für den Grad der Entmischung erweist sich die Integralintensität der Kleinwinkelstreuung, die mit Q_0 bezeichnet sei. Auf Grund der Theorie [6, 7] gilt der Zusammenhang

$$Q_0 = \frac{V_a}{V} \int\limits_V (\varrho^2 - \varrho_0^2)\, dV = 4\pi \int\limits_0^\infty h^2\, I(h)\, dh\,. \tag{1}$$

Hier ist ϱ_0 die mittlere Elektronendichte des Mischkristalls und ϱ die örtliche mittlere Dichte der Elektronen. V ist das bestrahlte Volumen des Kristalls, V_a das Atomvolumen. $I(h)$ ist die Streuintensität, gemessen in der Einheit „Elektronen pro Atom". Die Größe h ist definiert durch $h = \varepsilon/\lambda$, wobei ε der Beugungswinkel und λ die Wellenlänge der benutzten Strahlung ist. In Gleichung (1) ist angenommen, daß $I(h)$ unabhängig von der Einstrahl- und Beobachtungsrichtung ist und nur vom Beugungswinkel ε abhängt.

Für das Modell II läßt sich die Elektronendichte für die einzelnen Gebieie folgendermaßen angeben:

a) Für den übersättigten Mischkristall

$$\varrho = \varrho_0 = \frac{1}{V_a}[m_A Z_A + (1 - m_A) Z_B] = \frac{1}{V_a}[Z_B + m_A (Z_A - Z_B)]\,.$$

Hier bedeutet m_A die Atomkonzentration der Zinkatome in der Legierung. Z_A und Z_B sind die Anzahl der Elektronen pro Zink- bzw. Aluminium-Atom.

b) Für die zinkreichen Zonen (1)

$$\varrho = \varrho_1 = \frac{1}{V_a}[Z_B + m_1 (Z_A - Z_B)]\,.$$

c) Für die zinkarmen Zonen (2)

$$\varrho = \varrho_2 = \frac{1}{V_a}[Z_B + m_2 (Z_A - Z_B)]\,.$$

Die Größen m_1 und m_2 bedeuten die Zinkkonzentrationen in den betreffenden Zonen.

Für die Volumina der einzelnen Gebiete kann man angeben:

$(1 - p)\, V$ = Gesamtvolumen des restlichen übersättigten Mischkristalls,
$p\, V$ = Gesamtvolumen aller Zonen (1) und (2),
$c\, p\, V$ = Gesamtvolumen aller Zonen (1),
$(1 - c)\, p\, V$ = Gesamtvolumen aller Zonen (2).

Da die Gesamtkonzentration der Legierung sich während der Entmischung nicht ändert, gilt der Erhaltungssatz

$$c\,m_1 + (1 - c)\,m_2 = m_A\,. \tag{2}$$

Setzt man die hier eingeführten Größen in Gl. (1) ein, so findet man

$$Q_0 = \frac{p}{V_a}\,c\,(1 - c)\,(m_1 - m_2)^2\,(Z_A - Z_B)^2\,. \tag{3}$$

Eliminiert man noch die Größe c mit Hilfe der Gleichung (2), so erhält man endlich

$$Q_0 = p\,(m_1 - m_A)\,(m_A - m_2)\,\frac{(Z_A - Z_B)^2}{V_A}\,. \tag{4}$$

In dieser Gleichung sind drei Größen unbekannt:

1. Der Volumenanteil p der Zonen (1) und (2),
2. die Konzentration m_1 der Zinkatome in den Zonen (1),
3. die Konzentration m_2 der Zinkatome in den Zonen (2).

Setzt man $p = 1$, so gilt Gleichung (4) für das Modell I.

Bestimmung der metastabilen Mischungslücke

Wie Gleichung (1) zeigt, kann man Q_0 aus absoluten Intensitätsmessungen berechnen (siehe Anhang I). Sie sind für die drei Legierungen in Fig. 3 dargestellt. Die bemerkenswerte Konstanz von Q_0 führt zur Annahme, daß sich jede Legierung bereits kurz nach dem Abschrecken in einem metastabilen Zustand befindet, in dem sich nur noch die Zonenzahl und der Zonenradius, nicht aber die Größen p, m_1 und m_2 ändern. Es ist nun schwer vorstellbar, daß sich eine binäre Legierung in einem metastabilen Zustand befindet, bei dem drei verschiedene Phasen nebeneinander im Gleichgewicht existieren, wie dies bei Modell II der Fall wäre. Dagegen ist die Existenz zweier Phasen (Modell I) durchaus verständlich. Wir können daher in Gleichung (4) den Volumenanteil p der Zonen gleich 1 setzen. Danach bleiben noch zwei unbekannte Parameter m_1 und m_2 übrig.

Von den beiden Zinkkonzentrationen m_1 und m_2 kann man annehmen, daß sie unabhängig von der Ausgangskonzentration m_A der Legierung sind und nur von der Auslagerungstemperatur T_a abhängen, wie es auch bei stabilen Mischungslücken der Fall ist. Hat man daher von zwei Legierungen mit den Konzentrationen m'_A und m''_A die Integralintensitäten Q'_0 und Q''_0 bestimmt, so hat man zwei Gleichungen (4) mit zwei Unbekannten m_1 und m_2, die sich bequem lösen lassen. Der Wert Q''' einer dritten Legierung kann zur Kontrolle des Ergebnisses dienen.

Folgende Mittelwerte wurden für die Rechnung benutzt:

$$\begin{aligned} \text{Al} + 6{,}8\ \text{At.\%}\ \text{Zn} &\rightarrow Q'_0 = 5{,}50 \times 10^{23}\ \text{cm}^{-3}\,, \\ \text{Al} + 9{,}4\ \text{At.\%}\ \text{Zn} &\rightarrow Q''_0 = 7{,}98 \times 10^{23}\ \text{cm}^{-3}\,, \\ \text{Al} + 11{,}8\ \text{At.\%}\ \text{Zn} &\rightarrow Q'''_0 = 10{,}15 \times 10^{23}\ \text{cm}^{3}\,. \end{aligned}$$

Der Faktor $(Z_A - Z_B)^2/V_a$ errechnet sich zu 176×10^{23} cm^{-3}, so daß folgende drei Gleichungen entstehen:

$$\left.\begin{aligned} (0{,}068 - m_2)\,(m_1 - 0{,}068) &= 0{,}0313 && \text{(I)} \\ (0{,}094 - m_2)\,(m_1 - 0{,}094) &= 0{,}0453 && \text{(II)} \\ (0{,}118 - m_2)\,(m_1 - 0{,}118) &= 0{,}0575\,. && \text{(III)} \end{aligned}\right\} \tag{5}$$

Für m_1 und m_2 erhält man jeweils:

Aus den Gleichungen (I) und (II) $m_1 = 0{,}685$; $m_2 = 0{,}0173$.
Aus den Gleichungen (I) und (III) $m_1 = 0{,}692$; $m_2 = 0{,}0179$.
Aus den Gleichungen (II) und (III) $m_1 = 0{,}700$; $m_2 = 0{,}0192$.

Mittelwerte: $m_1 = 0{,}69$; $m_2 = 0{,}18$.

Wie man sieht, sind die Ergebnisse in guter Übereinstimmung miteinander. Es muß allerdings betont werden, daß die Genauigkeit der Resultate nicht so groß ist, wie es bei dieser Übereinstimmung den Anschein hat. Die Abweichungen in den Resultaten entsprechen einer Meßgenauigkeit in der Integralintensität von 1%. Diese Genauigkeit im relativen Maß wird wohl bei der Vielzahl der Meßwerte erreicht, jedoch nicht im absoluten Maß.

Nimmt man an, daß im absoluten Maß alle Q_0-Werte um 5% zu groß gemessen sind, so erhält man für m_1 einen Wert von ungefähr 0,66. Gleichzeitig nimmt die Streuung der drei gefundenen Werte zu (Fig. 6). Sind die Q_0-Werte um 5% zu klein, so wird m_1 etwa 0,72 ($m_2 = 0{,}017$). Im zweiten Fall liegen die Schnittpunkte der drei Hyperbeln praktisch aufeinander. Es wird vermutet, daß dieser Wert den tatsächlichen Verhältnissen besser entspricht.

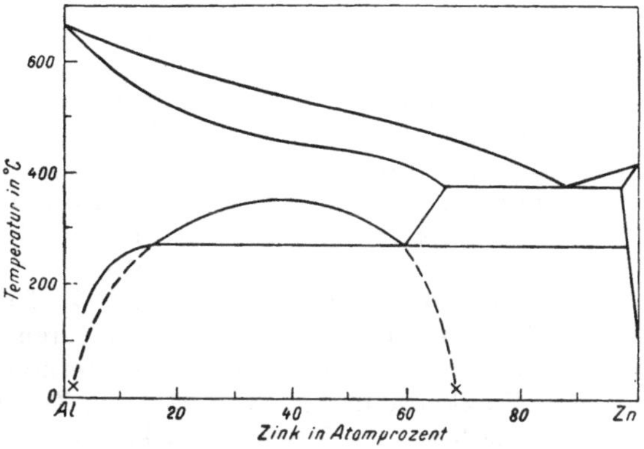

Fig. 6. Die Hyperbeln $(m_A - m_2)(m_1 - m_A) = K$ nach Gleichung (5). Ausgezogene Kurven: $K = K_{exp}$ (experimentelle Werte). Gestrichelte Kurven: $K = 0{,}95\,K_{exp}$. Strichpunktierte Kurven: $K = 1{,}05\,K_{exp}$

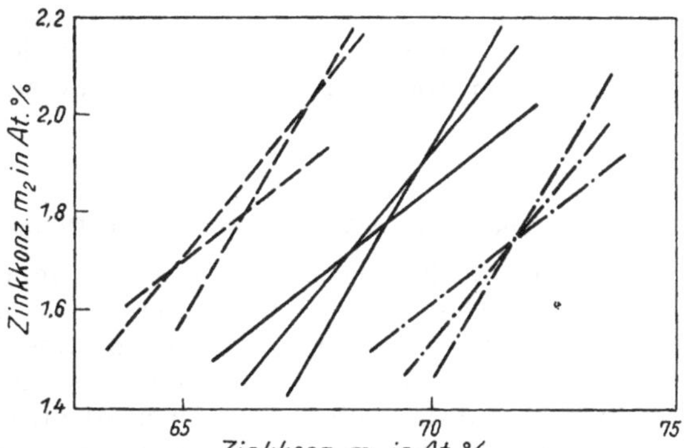

Fig. 7. Zustandsdiagramm Al–Zn mit metastabiler Mischungslücke. Die Kreuze kennzeichnen experimentell gefundene Punkte der Mischungslücke

Diskussion der Ergebnisse

Die Existenz einer metastabilen Mischungslücke

Die von uns gefundenen Werte der metastabilen Mischungslücke lassen sich zwanglos mit der bei höheren Temperaturen vorhandenen stabilen Mischungslücke verbinden (Fig. 7). Die so gefundene Grenzkurve der Zonenbildung steht mit den experimentellen Ergebnissen zahlreicher Autoren in Einklang.

J. Dash und M. E. Fine [8] finden bei ihren Untersuchungen über die Konzentrationsabhängigkeit der kritischen Schubspannung von Einkristallen, daß bei einer Legierung von 1,65 At.% Zn kein Einfluß einer Zonenbildung zu bemerken war. Die Einkristalle waren bei 460° homogenisiert und nach dem Abschrecken bei Raumtemperatur ausgelagert worden. RÖNTGEN-Kleinwinkelaufnahmen dieser Legierung zeigten ebenfalls, daß keine Zonenbildung stattgefunden hatte. Nach unseren Untersuchungen liegt die Grenze der Mischungslücke für Raumtemperatur bei 1,8 At.%, so daß bei der genannten Legierung keine Entmischungsvorgänge zu erwarten sind.

Bei ihren Untersuchungen über die Rückbildung der Zonen fanden C. PANSERI und T. FEDERIGHI [9], daß für ihre Legierung von 4,5 At.% Zn eine vollständige Rückbildung bei 93° erreicht wird, R. GRAF [10] findet bei Röntgenuntersuchungen an der gleichen Legierung, daß bei einer Auslagerung von 100° die Zonen nach einigen Stunden vollständig verschwunden sind. Kalorimetrische Messungen von K. HIRANO [11] zeigen, daß die Rückbildung der Zonenbildung bei einer Legierung mit 15 At.% Zn bei 280° beendet ist. Diese Ergebnisse stehen im Einklang mit der Mischungslücke in Fig. 10. Desgleichen sind die von O. DAHL und H. MAACKS [12] mitgeteilten Rückbildungsversuche an Legierungen mit 4,4; 6,8 und 9,4 At.% Zn mit der Mischungslücke weitgehend im Einklang.

Bei einer Legierung mit rund 12 At.% Zn finden R. D. GARWOOD, A. L. DAVIES und G. L. RICHARDS [13] nach einer längeren Auslagerung eine kubisch flächenzentrierte Zwischenphase. Aus der Gitterkonstanten dieser Phase schließen sie auf eine Zinkkonzentration von 62 At.% Zn. Dieser Wert liegt ebenfalls auf der Begrenzungslinie der Mischungslücke. Danach ist anzunehmen, daß sich zunächst Entmischungszonen bilden, wobei die Gitterkonstante im Innern der zinkreichen Zonen etwas kleiner ist als in der umgebenden Matrix. Das Gitter wird dadurch elastisch verzerrt, behält jedoch seinen kohärenten Zusammenhang. Solche elastischen Verzerrungen konnten beispielsweise in der Legierung Al–Ag bei Anwesenheit von G.P.-Zonen nachgewiesen werden [14]. Beim weiteren Wachstum der Zonen in Al–Zn werden die auftretenden Spannungen schließlich so groß, daß das Gitter aufreißt, wobei die kubisch flächenzentrierte zinkreiche Phase entsteht.

Die Entmischungskinetik unmittelbar nach dem Abschrecken

Während die Entmischung bei Raumtemperatur sich nach etwa 20 Minuten auf die Gleichgewichtskonzentration einer metastabilen Mischungslücke eingestellt hat, besteht noch Unklarheit darüber, wie die Verhältnisse bei kürzeren Auslagerungszeiten aussehen. Eine genaue Angabe über die Integralintensität Q_0 bei kürzeren Auslagerungszeiten ist nicht möglich, da die Streukurven wegen der fortschreitenden Kinetik nicht genügend genau gemessen werden können. Abschätzungen zeigen, daß bereits nach einer Auslagerungszeit von 30 Sekunden der Gleichgewichtswert von Q_0 erreicht ist (Legierung mit 6,8 At.% Zn, $T_H = 350°$).

Einige genauere Aussagen lassen sich aus den in Fig. 5 dargestellten Kurven entnehmen. Wie man weiß [6, 7], gilt bei unserer Versuchsanordnung als asymptotische Näherung für große Streuwinkel die Formel

$$E(\varepsilon) \sim (\varrho_1 - \varrho_2)^2 \frac{F}{\varepsilon^3}$$

wobei F die gesamte *innere Oberfläche* der entmischten Legierung ist. Unter *innerer Oberfläche* ist hier die gesamte Oberfläche aller sich bildenden Zonen zu verstehen. Bezeichnet man mit N_z die Zahl der Zonen (1) und mit R_1 ihren Radius, so ist $F = 4\pi N_z R_1^2$. Bei einem konstanten (großen) Streuwinkel ε_g ist dann die Intensität

$$E_g \sim \Delta\varrho^2 N_z R_1^2 \tag{6}$$

$\Delta\varrho = \varrho_1 - \varrho_2$ ist dabei der Unterschied der mittleren Elektronendichte inner- und außerhalb der sich bildenden Zonen.

Nimmt man an, daß unmittelbar nach dem Abschrecken keine Entmischung vorhanden ist, sondern daß sie erst mit der Auslagerung einsetzt, dann muß E_g zunächst ansteigen. Anschließend wird die Intensität wieder abnehmen, da ja bei längeren Auslagerungszeiten

$$\Delta\varrho^2 N_z R_1^3 = \text{const} \tag{7}$$

gefunden wurde[1]), d. h. das Gesamtvolumen aller Zonen (1) bleibt konstant und die Elektronendichten ϱ_1 und ϱ_2 haben sich ebenfalls auf konstante Werte eingestellt.

Mithin gilt bei langen Auslagerungszeiten

$$E_g \sim \frac{1}{R_1}.$$

Wie Fig. 5 zeigt, ist für einen Streuwinkel $\varepsilon_g = 216'$ die maximale Intensität bereits nach 20 Sekunden erreicht. Von da ab fällt sie kontinuierlich ab. Nimmt man an, daß für diesen Winkel die asymptotische Näherung gilt, so muß man annehmen, daß bereits nach 20 Sekunden der Entmischungsprozeß beendet ist. Es hat sich vermutlich bereits zu diesem Zeitpunkt ein Entmischungszustand eingestellt, der der Gleichung (7) entspricht. Die Zahl N_z der Zonen ist sehr groß, der mittlere Zonenradius jedoch relativ klein. Der nachfolgende Vorgang in der Legierung ist ein allgemeines Zonenwachstum, wobei die Zahl N_z der Zonen zugleich nach Gleichung (7) reduziert wird. Der nachfolgende Prozeß besteht im wesentlichen aus dem Wachstum der Zonen, wobei gleichzeitig die Zonenzahl N_z abnimmt, so daß Gleichung (7) ständig erfüllt ist. Diese Vorstellung über den Entmischungsprozeß stimmt mit den Ergebnissen thermodynamischer Rechnungen von HILLERT [15] im wesentlichen überein.

Anhang I

Die experimentelle Bestimmung der Integralintensität

Die Intensität wird mit einem Zählrohr gemessen. Bezeichnet man mit $E(h)$ den vom Zählrohr registrierten Energiefluß, so gilt der Zusammenhang

$$E(h) = K\, E_0\, I(h)\, d e^{-\mu d}, \tag{a}$$

wobei K eine Konstante ist, definiert durch

$$K = \frac{I_e}{r^2} n F. \tag{b}$$

Es bedeuten:

r = Abstand Präparat-Zählrohr
I_e = Thomson-Faktor = $7{,}9 \cdot 10^{-26}$ cm²
n = Zahl der Atome pro cm³
d = Dicke des durchstrahlten Präparates
μ = Absorptionskoeffizient des Präparates
F = Fläche des Zählrohrspaltes
E_0 = Energiefluß des Primärstrahles.

[1]) In der Legierung werden die Zonen zu einem bestimmten Zeitpunkt eine gewisse Größenverteilung besitzen. In den Gleichungen (6) und (7) ist dann an Stelle von $N_z R_1^2$ bzw. $N_z R_1^3$ zu setzen

$$\sum N_{zi} R_{1i}^2 \quad \text{bzw.} \quad \sum_i N_{zi} R_{1i}^3 .$$

Bei unseren Untersuchungen hatte der Primärstrahl einen strichförmigen Querschnitt, so daß eine sogenannte Spaltverschmierung der Intensitätskurve entsteht. An Stelle des Zusammenhanges (a) zwischen gemessener und theoretischer Intensitätsverteilung gilt dann

$$E(h) = K\,E_0\,d e^{-\mu d} \frac{1}{t^0} \int_0^\infty I\left(\sqrt{h^2 + t^2}\right) dt\,. \tag{c}$$

Dabei ist vorausgesetzt, daß die Belegungsdichte des Primärstrahls konstant ist. Die Länge des Primärstrahls in der Zählrohrebene beträgt $2\,t_0$. Weiter ist vorausgesetzt, daß der Primärstrahl hinreichend lang ist, so daß die obere Integrationsgrenze $t = t_0$ praktisch durch $t = \infty$ ersetzt werden kann, da die Beiträge zum Integral für $t > t_0$ vernachlässigbar klein sind.

Die Länge $2\,t_0$ des Primärstrahls in (c) muß in der gleichen Maßeinheit gemessen werden wie $h = \varepsilon/\lambda$. Ist $2\,l_0$ die in normalen Längeneinheiten gemessene Länge des Primärstrahls in der Zählrohrebene, so gilt der Zusammenhang

$$2\,t_0 = \frac{2\,l_0}{r\,\lambda}\,. \tag{d}$$

Um aus (c) die Integralintensität zu erhalten, macht man von der Beziehung

$$Q_0 = 4\,\pi \int_0^\infty h^2\,I(h)\,dh = 4\,\pi \int_0^\infty h \int_0^\infty I\left(\sqrt{h^2 + t^2}\right) dt\,dh\,. \tag{e}$$

Gebrauch (Guinier und Fournet [6]). Setzt man (c) in diese Gleichung ein, so erhält man unter Berücksichtigung von (d) die Gleichung

$$Q_0 = \frac{2\,l_0\,e^{\mu d}}{K\,E_0\,r\,\lambda\,d}\,2\,\pi \int_0^\infty h\,E(h)\,dh\,. \tag{f}$$

In dieser Gleichung ist der primäre Energiefluß E_0 noch unbekannt. Er kann z. B. bestimmt werden, indem man von einem Präparat mit bekanntem Streuvermögen $I(h)$ die Intensität $E(h)$ mißt. Von uns wurde dazu die Streuung von amorphen Selen gemessen, wobei die Probe in Rückstrahlstellung stand:

$$E_s(h) = \frac{1}{2\,\mu_s}\,K_s\,E_0\,I_s(h)\,. \tag{g}$$

Der Index s weist dabei auf die Eichsubstanz Selen hin.

Bei der Berechnung des Integrals (f) spielen die Intensitätsbeiträge bei großem h eine nicht zu vernachlässigende Rolle. Es muß daher ein Extrapolationsverfahren gefunden werden, nach dem $E(h)$ zu großen h-Werten hin extrapoliert werden kann.

Nach der Theorie der Partikelstreuung fällt $I(h)$ proportional zu h^{-4} ab. Nach (c) folgt daraus für $E(h)$ ein Abfall proportional zu h^{-3}:

$$E(h) = k\,h^{-3} \text{ für große } h \tag{h}$$

Das Integral in (f) kann daher folgendermaßen geschrieben werden:

$$\int_0^\infty h\,E(h)\,dh = \int_0^{h_0} h\,E(h)\,dh + k\,h_0^{-1}\,. \tag{i}$$

Glücklicherweise ist bei unseren experimentellen Kurven (h) sehr gut erfüllt (im Gegensatz zu den entsprechenden Kurven bei Al–Ag-Legierungen), so daß sich die Beziehung (i) gut verwenden läßt.

Anhang II

Die Bestimmung des Zonenradius R_1

Um den Zonenradius R_1 aus den Streukurven zu bestimmen, gibt es verschiedene Methoden, die meist zu unterschiedlichen Resultaten führen.

a) *Die Bestimmung aus der Winkellage ε_m des Intensitätsmaximums.*

Nach Belbeoch und Guinier setzt man an:

$$I(h) \sim \{\exp[-\alpha\, R_1^2\, h^2] - \exp[-\alpha\, R_2^2\, h^2]\}^2 . \tag{k}$$

Das Radienverhältnis $R_2 : R_1$ wird gegeben durch die Bedingung

$$R_1^3 = c\, R_2^3\,; \quad R_2/R_1 = c^{-1/3} = \beta\,, \tag{l}$$

wobei c der in Gleichung (2) definierte Volumenanteil der Zonen (1) ist. Der Zahlenfaktor α ist gleich $4\,\pi^2/10$.

Bei unserem Strahlengang muß noch die Transformation (c) von $I(h)$ auf $E(h)$ durchgeführt werden. Bildet man dann die erste Ableitung von $E(h)$ und setzt sie gleich Null, so erhält man

$$R_1 = \frac{\lambda}{2\,\pi\,\varepsilon_m} \sqrt{\frac{10 \ln x}{1-\beta^2}} \tag{m}$$

mit

$$x = \frac{\sqrt{2\,(1+\beta^2)}}{2\,\beta} \left[1 - \sqrt{1 - \frac{2\,\beta}{1+\beta^2}}\,\right].$$

Auf Grund der Mischungslücke läßt sich für jede Legierung die Größe c und damit β nach Gleichung (2) berechnen.

Diese Rechnung ist richtig für das Zonenmodell II in Fig. 1, sie trifft jedoch für das Modell I nicht mehr zu, da die Abstände zwischen den Zonen nicht mehr streng einer zu Gleichung (1) analogen Beziehung genügen.

Da die Streuung außerdem vor allem von den großen Zonen verursacht wird, erhält man nach dieser Methode eher die obere Grenze der vorhandenen Zonenradien-Verteilung als einen Mittelwert. Trotz dieser Mängel sind die Zonenradien in Fig. 4 nach dieser Methode berechnet worden.

b) *Die Bestimmung aus dem Intensitätsabfall nach dem Maximum*

Nach Überschreiten des Intensitätsmaximums wird der Abfall näherungsweise durch die Gleichung

$$E(h) \sim I(h) \sim \exp[-2\,\alpha\, R_1^2\, h^2] \tag{n}$$

gegeben, da das zweite Glied in k in diesem Winkelbereich klein wird.

Durch die Transformation (c) wird die Beziehung (n) nicht geändert. Aus ihr läßt sich R_1 genauer bestimmen als aus (m). Auch hier erhält man den oberen

Grenzwert der vorhandenen Radienverteilung, da die Streuintensität jeder Zone proportional zu R_1^6 ist. Die mit dieser Methode berechneten Radien sind von ähnlicher Größe wie die nach Methode a) ermittelten Radien.

c) *Die Bestimmung aus dem Intensitätsverlauf bei großen Winkeln*

Bei unseren Kurven erhält man einen asymptotischen Intensitätsverlauf

$$E(h) = k/h^3 .$$

Zusammen mit dem Integral (i)

$$B = \int_0^\infty h\, E(h)\, dh$$

erhält man [6] die Beziehung

$$\frac{F}{c\,V} = 8\,\pi\,(1-c)\,\frac{k}{B} .$$

In dieser Gleichung ist

$$F = 4\,\pi \sum_i N_{zi}\, R_{1i}^2 = 4\,\pi\, N_z\, \overline{R_1^2}$$

die Grenzfläche aller Zonen und

$$c\,V = \frac{4\,\pi}{3} \sum_i N_{zi}\, R_{1i}^3 = \frac{4\,\pi}{3} N_z\, \overline{R_1^3}$$

das Gesamtvolumen aller Zonen.

Damit erhält man

$$R^* = \frac{\overline{R_1^3}}{\overline{R_1^2}} = \frac{3}{8\,\pi\,(1-c)}\,\frac{B}{k} .$$

Dieser Wert ist ein guter Mittelwert für den Zonenradius. Für einige unserer Streukurven wurde nach dieser Methode der Radius R^* ermittelt. Die folgende Tabelle gibt einen Vergleich der nach a) und c) ermittelten Radien. Danach ist der Radius R^* wesentlich kleiner als R_1, was auf eine beträchtliche Variation der Zonengröße innerhalb einer Probe hindeutet.

Zeit in Std.	0,26	25	670	1080
Radius R_1 in Å	23,7	32,4	33,9	34,9
Radius R^* in Å	10,8	13,2	13,7	13,7

Vergleich der nach den Methoden a) und c) berechneten Zonenradien. Legierung mit 6,8 At.% Zn, Abschrecktemperatur $T_H = 300$ °C, Auslagerung bei 20 °C.

Für die saubere Durchführung der Messungen und die Auswertung der Kurven bin ich Herrn Dipl. Phys. Werner Schweizer zu Dank verpflichtet. Die Deutsche Forschungsgemeinschaft unterstützte die Untersuchungen durch eine Sachbeihilfe. Herrn Professor Köster danke ich für eine Reihe wertvoller Diskussionen.

Literatur

[1] A. Guinier, J. Physique Radium 8, 124 (1942).
[2] J. P. Jan, J. appl. Phys. **26**, 1291 (1955).
[3] V. Gerold, Z. Metallkde **46**, 623 (1955).
[4] C. B. Walker und A. Guinier, Acta Met. **1**, 568 (1953).
[5] V. Gerold und W. Schweizer, Z. Metallkde. **52**, 76 (1961).
[6] A. Guinier und G. Fournet, Small Angle Scattering of X-Rays, J. Wiley and Sons, New York 1955.
[7] G. Porod, Kolloid-Z. **125**, 83 (1951).
[8] J. Dash und M. E. Fine, Air Force Off. Sci. Res. T. N. **60**, 524 (1960).
[9] C. Panseri und T. Federighi, Acta Met. 8, 217 (1960).
[10] R. Graf, C. R. Acad. Sci. Paris **249**, 1110 (1959).
[11] K. Hirano, J. Phys. Soc. Japan **10**, 995 (1955).
[12] O. Dahl und H. Maacks, Metall **13**, 719 (1959).
[13] R. D. Garwood, A. C. Davies und G. L. Richards, J. Inst. Met. **88**, 375 (1959/60).
[14] V. Gerold in Advances in X-Ray Analysis Vol. 3, Plenum Press, New York 1960. Ergebnisse der exakten Naturwiss. Bd. **33**, im Druck.
[15] M. Hillert, Report NYO–7059, Dep. of Metallurgy, Massachusetts Institute of Technology, Cambridge, Mass. 1960.

(Eingegangen am 11. 2. 1961)

Institut für Anwendung radioaktiver Isotope der TH Dresden

Messung der Volumenselbstdiffusion in polykristallinem Zinn

Von

W. LANGE, A. HÄSSNER und I. BERTHOLD

Die Selbstdiffusion in polykristallinem Zinn mit einer Reinheit von 99,9% wurde im Temperaturbereich von 130—225° C gemessen. Zur Markierung diente ein Isotopengemisch Sn-113/123. Die Auswertung erfolgt 1. nach der Absorptionsmethode, 2. nach einer elektrolytischen Schichtenteilungsmethode. Folgende Werte der Aktivierungsenergie Q und des Frequenzfaktors D wurden gemessen:

Methode	D_0 [cm²/sec]	Q [cal/Mol]
Schichtenteilung	$0{,}78\ {+0{,}54 \atop -0{,}32}$	22350 ± 350
Absorption	$0{,}072\ {+0{,}025 \atop -0{,}020}$	22800 ± 500

Die Absolutwerte der nach der Absorptionsmetode gemessenen Diffusionskoeffizienten weisen eine systematische Abweichung nach zu niedrigen Werten auf; die Aktivierungsenergien stimmen gut überein.

Die mit Hilfe des gemessenen Frequenzfaktors berechnete Aktivierungsentropie ist, wie das die Zenersche Theorie verlangt, positiv. Die Aktivierungsenergie der Selbstdiffusion des Zinns befindet sich in guter Übereinstimmung mit der Aktivierungsenergie des Kriechens.

Была измерена самодиффузия в поликристаллическом олове с чистотой 99,9% в температурном интервале от 130 до 225°С. Для маркировки служила смесь изотопов Sn-113/123. Обработка данных проводилась 1. по методу абсорбции, 2. по методу электролитического разделения слоев. Были измерены следующие значения энергии активации и частотного фактора

Метод	D_0 [см²/сек]	Q [кал/мол]
Разделение слоев	$0{,}78\ {+0{,}54 \atop -0{,}32}$	22350 ± 350
Абсорбция	$0{,}072\ {+0{,}025 \atop -0{,}020}$	22800 ± 500

Абсолютные значения коэффициентов диффузии, измеренные методом абсорбции, показывают систематическое отклонение в сторону более низких значений; энергии активации хорошо соответствуют.

Вычисленная с помощью измеренного частотного фактора энтропия активации положительна, как это требует теория Зинера. Энергия активации самодиффузии олова находится в хорошем соответствии с энергией активации ползучести.

Die Selbstdiffusion im Zinn wurde bereits im Jahre 1950 von FENSHAM [1; 2] gemessen. FENSHAM führte seine Untersuchungen an Einkristallen durch und bestimmte die Diffusionskoeffizienten in Richtung der Hauptachsen. Aus den Ergebnissen berechnet man negative Aktivierungsentropien. Dies steht im Widerspruch zur Theorie von ZENER [3], nach welcher die Aktivierungsentropie für die Selbstdiffusion in reinen Metallen stets positiv sein sollte. Die von FENSHAM gemessenen Werte waren daher Gegenstand besonderer Erörterung. NICHOLAS [4] hat versucht, die Ergebnisse von FENSHAM durch Zweierkombinationen von Diffusionsmechanismen zu erklären; jedoch konnte für keine der möglichen Kombinationen eine befriedigende Erklärung gegeben werden.

In den letzten Jahren war von verschiedenen Autoren eine Übereinstimmung zwischen der Aktivierungsenergie für das Kriechen eines Metalls und der des Selbstdiffusionsvorganges festgestellt worden [5]. Auch hier tritt im Falle des Zinns [6] eine große Diskrepanz zwischen beiden Werten auf.

Aus den genannten Gründen wurde von uns die Selbstdiffusion in Zinn, und zwar unter Verwendung polykristallinen Materials, erneut gemessen.

1. Verwendete Methoden der Diffusionsmessung

Die Messungen wurden unter Anwendung der Schichtenteilungsmethode [7] und der Absorptionsmethode nach STEIGMAN, SHOCKLEY und NIX [8] durchgeführt. Beide Methoden verlangen die Anwendung von theoretisch unendlich dicken Proben (praktisch genügen wegen der Kleinheit der Gitterabstände einige Millimeter), auf welche eine sehr dünne markierte Schicht aufgetragen wird. Die Lösung der II. Fickschen Gleichung

$$\frac{\partial c}{\partial t} = D \frac{\partial^2 c}{\partial x^2} \tag{1}$$

lautet dann bekanntlich [9]

$$c\,(x, t) = \frac{m}{2\sqrt{\pi D t}} \exp\,(-x^2/4\,D\,t)\,. \tag{2}$$

Es bedeuten

c die Konzentration,
x die von der Oberfläche der Probe an gemessene Eindringtiefe,
t die Diffusionszeit,
D den Diffusionskoeffizienten,
m die auf die Probenoberfläche aufgetragene Masse der dünnen Schicht.

Die sich durch den Diffusionsvorgang ergebende Verteilung der spezifischen Aktivität $i(x, t)$ ist der Konzentrationsverteilung $c(x, t)$ proportional, so daß aus (2) folgt

$$i(x, t) = \frac{\text{const}}{2\sqrt{\pi D t}} \exp\,(-x^2/4\,D\,t)\,. \tag{3}$$

Durch Logarithmieren erhält man

$$\ln i(x, t) = \ln \frac{\text{const}}{2\sqrt{\pi D t}} - x^2/4\,D\,t\,.$$

Trägt man die Logarithmen der spez. Aktivitäten $i(x, t)$ der einzelnen abgenommenen Schichten (bzw. die Zählraten, die sich nur um einen stets gleichbleibenden

Faktor von der spez. Aktivität bzw. der Konzentration c unterscheiden) gegen x^2 auf, so ergibt sich eine Gerade, aus deren Anstieg $\operatorname{tg} \alpha$ der Diffusionskoeffizient errechnet werden kann:

$$D = \frac{-1}{4\, t \cdot \operatorname{tg} \alpha}\,. \tag{4}$$

Die Absorptionsmethode erfordert keine Schichtenteilung. Die an der Oberfläche einer Probe gemessene Zählrate J beträgt

$$J = k \int_0^\infty i(x, t) \cdot \varphi(x)\, dx\,, \tag{5}$$

wobei k der Korrekturfaktor für die Meßanordnung und $\varphi(x)$ die Absorptionsfunktion sind.

Häufig läßt sich die Absorptionsfunktion durch eine Reihe von Exponentialfunktionen darstellen

$$\varphi(x) = \sum_{i=1}^{n} A_i\, e^{-\mu_i\, x}\,, \tag{6}$$

wobei μ_i die Absorptionskoeffizienten sind. Durch Einsetzen von (3) und (6) in (5) und Bildung von $J(t)/J(0)$ erhält man

$$\frac{J(t)}{J(0)} = F(z) = \sum_{i=1}^{n} A_i\, e^{\xi_i^2 z^2}\, [1 - \Phi(\xi_i\, z)]\,, \tag{7}$$

wobei $\xi_i = \frac{\mu_i}{\mu_1}$ und $z^2 = \mu_1^2\, D\, t$ (8)

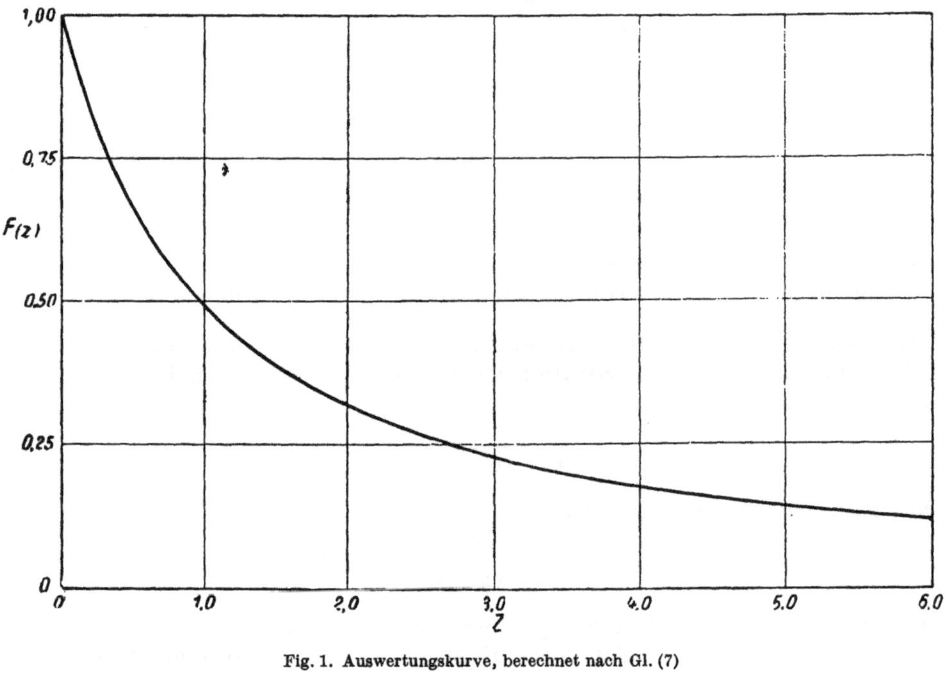

Fig. 1. Auswertungskurve, berechnet nach Gl. (7)

sind. Für die Auswertung errechnet man unter Verwendung der gemessenen Absorptionsfunktion $\varphi(x)$ die *Auswertungskurve* $F(z)$ nach (7) (s. Fig. 1). Mit Hilfe von gemessenen Werten J/J_0 kann man dann aus der Auswertungskurve das dazugehörige z ablesen und den Diffusionskoeffizienten nach

$$D = \frac{z^2}{\mu_1^2 D t} \tag{9}$$

errechnen.

2. Vorbereitung der Diffusionsproben; Aktivierung; radiochemische Reinheit des Präparats; thermische Behandlung

Für die Herstellung der Diffusionsproben wurde Zinn mit einer Reinheit von 99,9% verwendet. Das Material war mit Wismut, Kupfer und Blei schwach verunreinigt. Das Ausgangsmaterial wurde auf Platten von etwa 15 mm Dicke ausgewalzt. Daraus wurden Diffusionsproben der Größe $12 \times 12 \times 8$ mm^3 gefräst und anschließend planparallel gedreht. Um ein grobes Korn zu erzeugen, wurden die Proben 14 Tage bei 225 °C geglüht. Auf der Probenoberfläche waren dann 10—15 Körner mit einer mittleren Fläche von 10—14 mm^2 zu erkennen. Zur Beseitigung des bei der Glühung entstandenen Reliefs und um völlig plane und saubere Oberflächen zu erhalten, wurden schließlich die Proben elektrolytisch poliert. Das hierbei verwendete Bad bestand nach JACQUET [10] aus 194 cm^3 $HClO_4$ (Dichte 1,61 g/cm^3) und 806 cm^3 Eisessig. Die Arbeitsbedingungen waren: Sn-Kathode, Abstand der Elektroden in vertikaler Anordnung 2—3 cm, Temperatur 20 °C, Stromdichte 600—700 mA/cm^2, Dauer 3—5 min. Auf die so vorbereitete Oberfläche der Probe wurde die mit Sn–113/123 markierte Schicht galvanisch aufgetragen. Als Elektrolyt wurde nach PFANNHAUSER [11] ein Bad folgender Zusammensetzung verwendet:

$SnCl_2$	150 g
HCl	5 g
Gelatine	2 g
Phenol	5 g
Wasser	1000 g

Zusammenhängende Schichten konnten erst nach Verdünnung des Bades im Verhältnis 1:4 erhalten werden. Die Stromdichte betrug 10—15 mA/cm^2. Die aufgetragenen Schichtdicken waren kleiner als 1 μ. Das radioaktive Präparat enthielt neben Sn–113/123 noch Zinnisotope der Massenzahlen 117, 119, 121, welche die Messung des Diffusionsvorgangs nicht stören, da sie in stabile Kerne eines anderen Elements zerfallen, sowie ein Zinnisotop der Massenzahl 125. Letzteres zerfällt mit einer Halbwertszeit von 10 Tagen in Antimon–125, das eine Halbwertszeit von 2,75 Jahren besitzt. (Die Halbwertszeiten von Sn 113 und 123 betragen 118 bzw. 125 Tage). Infolgedessen ist im Präparat mit zunehmender Zeit ein immer größerer Anteil an Sb–125 enthalten. Während der Zeit der Versuchsdurchführung wuchs dieser Anteil auf 20% an.

Wie man kernphysikalischen Tabellen [18] entnehmen kann, wäre bei Verwendung eines γ-Szintillationszählers in Verbindung mit einem Einkanalimpulsanalysator der Nachweis der Sn-Linien jeweils durch eine überlagerte Sb-Linie erschwert. Außerdem verlangt die Anwendung der Absorptionsmethode wegen der geringen Eindringtiefe die Verwendung weicher Strahlung. Aus diesen Gründen verwendeten wir ein Glockenzählrohr VAZ 310, dessen Effektivität für γ-Strahlung klein ist. Zwischen Meßprobe und Zählrohr wurde ein Filter mit einem Flächengewicht von 40 mg/cm² gebracht. Etwa 70% der β-Teilchen des Sn–123 mit einer Maximalenergie von 1,42 MeV gelangen durch das Filter, dagegen nur 20% der β-Teilchen des Sb–125 mit einer Maximalenergie von 0,612 MeV. Da aber nur 14% der β-Umwandlungen des Sb–125 diese Energie besitzen und Sb–125 nur zu maximal 20% im Präparat enthalten ist, werden, auf die β-Strahlung des Zinns bezogen, lediglich $\frac{0,14 \cdot 0,2 \cdot 0,2}{0,7 \cdot 0,8}$ d. h. etwa 1% der β-Strahlung des Antimon zusätzlich gemessen. (Der Einfluß von β-Teilchen des Sb–125 mit kleineren Maximalenergien ist zu vernachlässigen.)

Zur Kontrolle wurden Diffusionsmessungen auch mit einem Präparat aus Sn 113/123 durchgeführt, aus dem das Sb-125 chemisch abgetrennt worden war. Dabei ergaben sich keine nachweisbaren Unterschiede in den gemessenen Diffusionskoeffizienten.

Die Proben wurden paarweise unter gereinigtem Argon in einem Rohrofen geglüht. Um ein Abdampfen aktiver Substanz aus der Probenoberfläche zu verhindern, wurde die aktive Schicht mit einem Glimmerblättchen abgedeckt. Die Temperatur des Ofens wurde auf $\pm 1°$ automatisch geregelt.

3. Auswertung

3.1 Absorptionsmethode

Die Ausmessung der Absorptionskurve erfolgte unter den gleichen geometrischen Bedingungen, unter denen die Zählung der Zählraten der Diffusionsproben vorgenommen wurden. Als Absorber wurden Sn-Folien verwendet, die auf das Präparat aufgelegt wurden. Die Absorptionskurve ist in Fig. 2 gezeigt. Sie enthält Strahlungskomponenten, die insbesondere von Sn 113, Sn 123 sowie Sb 125 herrühren. Da der von der Absorption der Konversionselektronen herrührende Anfangsverlauf bei einer Zerlegung der Absorptionskurve nach (6) nicht berücksichtigt werden kann, wurde bei den späteren Messungen stets ein Filter von 40 mg/cm² vorgeschaltet. Wie schon oben erwähnt, macht sich die Verwendung des Filters auch notwendig, um die vom Zerfall von Sb–125 herrührenden β-Teilchen zum überwiegenden Teil zu absorbieren.

Die Zerlegung der Absorptionskurve nach (6) erfolgte infolgedessen unter Weglassung des Anfangsbereiches von 0 bis 40 mg/cm². Es war die Berücksichtigung von drei Komponenten notwendig, die im Bild mit β_1, β_2, γ bezeichnet wurden. (Diese Komponenten können jedoch nicht einzelnen Zerfallsprozessen zugeordnet werden, da infolge der kleinen Entfernung Zählrohr–Meßprobe von ca. 1 cm und der Nähe der Bleikammerwand zu viele Sekundärprozesse erfaßt werden). Die Konstanten μ_i und A_i haben folgende Werte:

$$\mu_1 = 444 \text{ cm}^{-1} \qquad A_1 = 0,874$$
$$\mu_2 = 118 \text{ cm}^{-1} \qquad A_2 = 0,114$$
$$\mu_3 = 2,05 \text{ cm}^{-1} \qquad A_3 = 0,0128 .$$

Die Übereinstimmung der mit Hilfe dieser Konstanten berechneten Absorptionskurve mit der experimentell gefundenen ist gut.

Mit den Konstanten μ_i und A_i wurde die Auswertungskurve nach (7) berechnet; sie ist aus Fig. 1 ersichtlich.

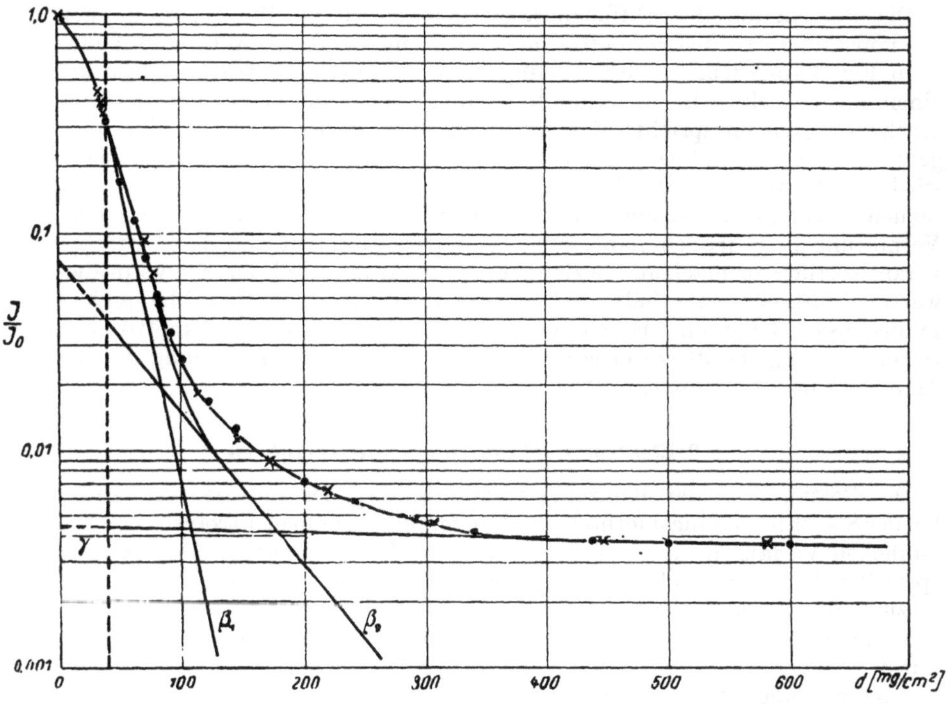

Fig. 2. Absorptionskurve des Strahlengemisches, das im wesentlichen von Sn–113/123 und Sb–125 emittiert wird. Der Abstand Präparat—Zählrohr war ca. 1 cm, die Sn-Absorptionsfolien wurden auf die Probe direkt aufgelegt.

× × × gemessen, • • • berechnet nach (6) für den Fall, daß ein Filter von 40 mg/cm² verwendet wird

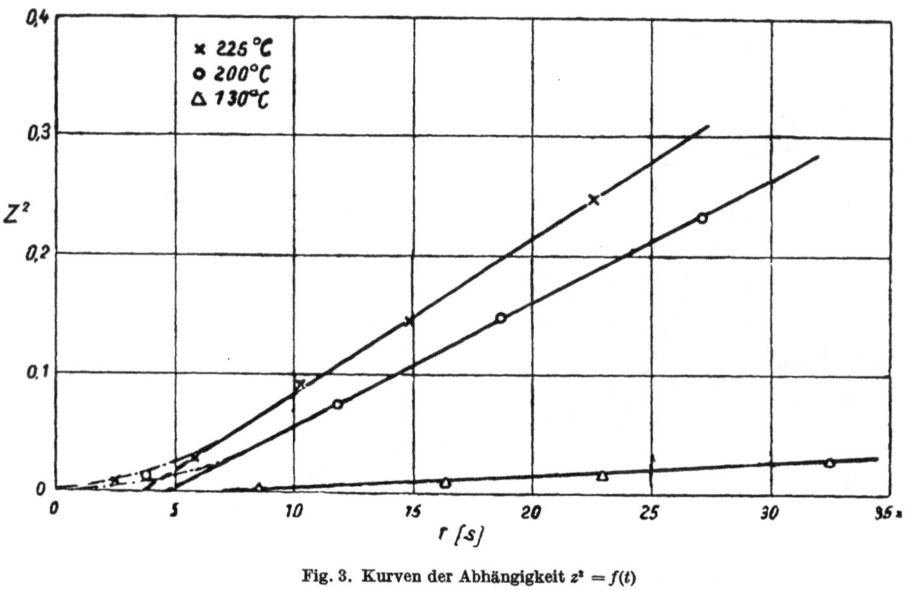

Fig. 3. Kurven der Abhängigkeit $z^2 = f(t)$

Die Berechnung des Diffusionskoeffizienten erfolgt üblicherweise nach (9). Bei konstantem Diffusionskoeffizienten ist z^2 eine lineare Funktion der Glühzeit t.

In Fig. 3 sind Kurven der Abhängigkeit $z^2 = f(t)$ aufgetragen. Man erkennt einen flachen, schwach gekrümmten Anfangsbereich (der einer kleinen Diffusionsgeschwindigkeit entspricht), der erst nach einer gewissen Zeit in eine durch (8) geforderte lineare Abhängigkeit $z^2 = \mu_1^2 D t$ übergeht. Der Diffusionsvorgang wird am Anfang in einer dünnen Oberflächenschicht gehemmt. Über die Ursachen dieser Diffusionshemmung liegen noch keine Untersuchungen vor. Die Vermutung liegt jedoch nahe, eine dünne Oxydschicht für diese Erscheinung verantwortlich zu machen. Bezieht man den Anfangsteil der Kurve in die Auswertung mit ein, so erhält man notwendigerweise eine Zeitabhängigkeit des Diffusionskoeffizienten. Es ist jedoch möglich, den Diffusionskoeffizienten als zeitunabhängige Größe zu erhalten, wenn man ihn aus der Neigung des linearen Teils der Kurve errechnet.

3.2 Elektrolytisches Schichtenteilverfahren

Die Bestimmung der Konzentrationsverteilung des radioaktiven Indikators bei der Schichtenteilungsmethode erfolgte mit einem dem elektrolytischen Polieren ähnlichen Verfahren, das in [12] von uns beschrieben wurde. Der sich in einer speziellen Anordnung befindliche Elektrolyt (ca. 1 cm³) hat eine solche Zusammensetzung, daß das anodisch unter kontrollierbaren Bedingungen in Lösung gehende Zinn nicht an die Kathode gelangt. Die Aktivität des Elektrolyten ist identisch mit der Aktivität der abgelösten Schicht. Die Dicken der abgetragenen Schichten wurden mit einer Mikroanalysenwaage durch Wägen vor und nach dem jeweiligen Abtragen bestimmt. Aus beiden Größen läßt sich die spezifische Aktivität berechnen.

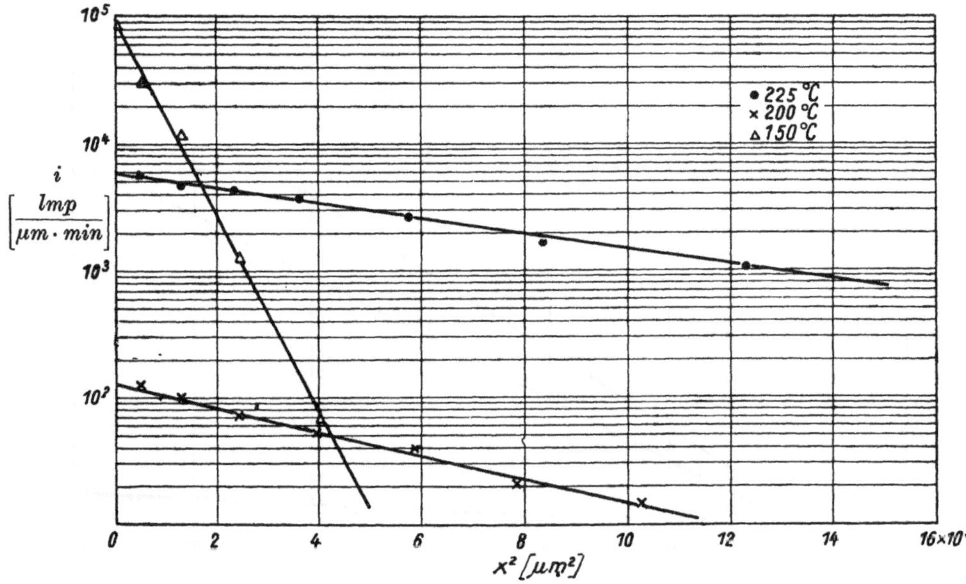

Fig. 4. Nach der Schichtenteilungsmethode erhaltene Kurven $\log i = f(x^2)$

Der Elektrolyt hatte folgende Zusammensetzung:

600 ml Äthylalkohol
114 ml Wasser
50 g $AlCl_3$
226 g $SnCl_2$
80 ml Butanol (n)
3,36 g Weinsäure.

Stromdichte 130—170 mA/cm², Dauer ca. 1—2 min (für das Abtragen einiger μ). Eindringkurven $\ln i = f(x^2)$ für verschiedene Temperaturen, die nach diesem Verfahren gemessen wurden, werden in Fig. 4 gezeigt.

4. Ergebnisse

4.1 Absorptionsmethode

In der Tabelle 1 sind die Diffusionskoeffizienten und ihre mittleren Abweichungen im Temperaturbereich 130—225 °C angegeben. Jeder Mittelwert wurde aus den Meßwerten von 4 Proben gebildet.

Tabelle 1. Die nach der Absorptionsmethode gemessenen Diffusionskoeffizienten im Temperaturbereich 130—225 °C

T [°C]	$D \pm \Delta D$ [cm²/sec]	Mittlerer Fehler des Mittelwerts $\frac{\Delta D}{D}$ [%]
130	$(7{,}37 \pm 1{,}94) \cdot 10^{-14}$	26
150	$(2{,}01 \pm 0{,}25) \cdot 10^{-13}$	12
165	$(3{,}97 \pm 0{,}41) \cdot 10^{-13}$	10
180	$(1{,}37 \pm 0{,}19) \cdot 10^{-12}$	14
200	$(3{,}30 \pm 0{,}31) \cdot 10^{-12}$	9
225	$(1{,}26 \pm 0{,}16) \cdot 10^{-11}$	13

Wie aus Fig. 5 zu ersehen ist, läßt sich die Temperaturabhängigkeit der Diffusionskoeffizienten durch die Gleichung

$$D = D_0 \cdot e^{-Q/RT} \tag{10}$$

ausdrücken, wobei D_0 den Frequenzfaktor und Q die Aktivierungsenergie der Selbstdiffusion bedeuten.

Mit Hilfe der Ausgleichsrechnung wurden folgende Werte für D_0 und Q gefunden (s. Fig. 5, Kurve b):

$$D_0 = \left(0{,}072 \begin{array}{l} + 0{,}025 \\ - 0{,}020 \end{array}\right) \text{cm}^2/\text{sec}$$

$$Q = 22{,}35 \pm 0{,}350 \text{ kcal/Mol.}$$

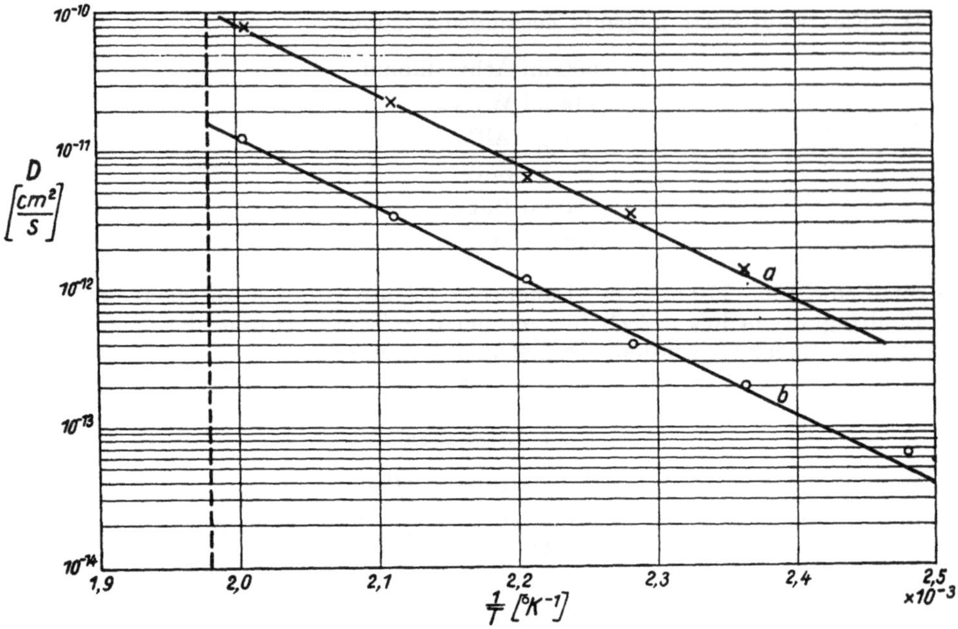

Fig. 5. Temperaturabhängigkeit des Selbstdiffusionskoeffizienten in Zinn

× × × Schichtenteilungsmethode
. . . . . . Absorptionsmethode

4.2 Schichtenteilungsmethode

Im Temperaturbereich 150—225 °C wurden die in Tabelle 2 angegebenen Diffusionskoeffizienten gemessen. Jeder Mittelwert wurde aus den Messungen an zwei Proben gebildet.

Tabelle 2. Die nach der Schichtenteilungsmethode gemessenen Diffusionskoeffizienten im Temperaturbereich 150—225 °C

T [°C]	D [cm²/sec]
150	$1{,}42 \cdot 10^{-12}$
165	$3{,}72 \cdot 10^{-12}$
180	$6{,}30 \cdot 10^{-12}$
200	$2{,}38 \cdot 10^{-11}$
225	$8{,}69 \cdot 10^{-11}$

Wie aus Fig. 5 ersichtlich ist, befolgen auch hier die Meßpunkte die Gleichung (10) gut. Mit der Ausgleichsrechnung wurden folgende Werte für D_0 und Q gefunden (s. Fig. 5, Kurve a):

$$D_0 = \left(0{,}78 \begin{array}{l} +\,0{,}54 \\ -\,0{,}32 \end{array}\right) \text{cm}^2/\text{sec}$$

$$Q = 22{,}8 \pm 0{,}5 \text{ kcal/Mol}.$$

5. Diskussion der Ergebnisse

Während die Aktivierungsenergien nach beiden Methoden gut übereinstimmen, unterscheiden sich die Frequenzfaktoren nahezu um eine Größenordnung. Die Messungen nach der Schichtenteilungsmethode sind zuverlässiger, da die Konzentrationsverteilung direkt gemessen wird. Die Messungen nach der Absorptionsmethode sind offensichtlich durch einen systematischen Fehler verfälscht, der über dem gesamten gemessenen Temperaturbereich konstant ist. Auch bei anderen Metallen wurde von uns wie auch von anderen Autoren dieser systematische Fehler gefunden; eine befriedigende Erklärung dafür steht noch aus. Für die weitere Diskussion werden wir aus diesem Grund das nach der Schichtenteilungsmethode gewonnene Ergebnis verwenden.

In Tabelle 3 sind die von uns gewonnenen Diffusionsparameter mit denen von FENSHAM verglichen.

Tabelle 3. Ergebnisse der Selbstdiffusionsmessungen in Zinn

Autor	D_0 [cm²/sec]	Q [kcal/Mol]	Methode	Material
FENSHAM [1]	$\parallel c$ $1{,}2 \cdot 10^{-5}$	10,5	Schichtenteilung	Einkristall
	$\perp c$ $3{,}7 \cdot 10^{-8}$	5,9	Schichtenteilung	Einkristall
FENSHAM [2]	$\parallel c$ $(3{,}6 \pm 1) \cdot 10^{-6}$	$9{,}4 \pm 0{,}5$	Schichtenteilung	Einkristall
(Arbeit [1] korrigiert)	$\perp c$ $(9{,}2 \pm 2) \cdot 10^{-8}$	$6{,}7 \pm 1$	Schichtenteilung	Einkristall
Diese Arbeit	$\left(7{,}2 \pm {2{,}5 \atop 2{,}0}\right) \cdot 10^{-2}$	$22{,}35 \pm 0{,}35$	Absorption	Polykristallin
Diese Arbeit	$\left(7{,}8 \pm {5{,}4 \atop 3{,}2}\right) \cdot 10^{-1}$	$22{,}8 \pm 0{,}5$	Schichtenteilung	Polykristallin

Nach der Theorie von ZENER [3] kann der Frequenzfaktor in (10) folgendermaßen geschrieben werden

$$D_0 = g\, a^2\, \nu\, e^{\Delta S/R}\,. \tag{11}$$

Es bedeuten

g einen Faktor, der von der Geometrie des Gitters abhängt

a die Gitterkonstante

ν die Schwingungsfrequenz der Atome im Gitter und

ΔS die Aktivierungsentropie.

Die Berechnung von ΔS aus (11) läßt sich nur mit abgeschätzten Werten für g, a und ν durchführen. Setzt man $g = 1$, $a = 3{,}9 \cdot 10^{-8}$ cm und $\nu = 5 \cdot 10^{12}\,\mathrm{sec}^{-1}$, so erhält man mit dem experimentell gefundenen D_0 eine Aktivierungsentropie:

$$\Delta S = 9{,}2\,\frac{\mathrm{cal}}{\mathrm{grad} \cdot \mathrm{Mol}}\,,$$

die im Einklang mit der theoretischen Erwartung positiv ist. Die von FENSHAM angegebenen Werte für D_0 (s. Tabelle 3) führen zu negativen Aktivierungsentropien[1]).

[1]) Aus den experimentellen Angaben von FENSHAM kann man entnehmen, daß die auf die Versuchsproben aufgetragenen Schichten der markierten Atome zu dick sind, wodurch die bei der Ableitung der Auswertungsgleichung angenommenen Randbedingungen nicht mehr eingehalten werden.

Nach einer von Dushman abgeleiteten Formel [13] ist $D_0 = \frac{Q\,a^2}{L \cdot h}$ wobei L die Loschmidtsche Zahl und h das Plancksche Wirkungs-Quantum bedeuten. Für Zinn erhält man mit $Q = 22800$ cal/Mol sowie dem oben angenommenen Gitterabstand $a = 3{,}9 \cdot 10^{-8}$ cm einen Frequenzfaktor $D_0 = 0{,}36$ cm²/sec, dessen Größenordnung mit dem von uns angegebenen Wert übereinstimmt. Unter Verwendung der von Fensham gemessenen Aktivierungsenergien errechnet man Frequenzfaktoren, deren Werte mit den von ihm experimentell gefundenen nicht übereinstimmen.

Bereits eingangs wurde die empirisch ermittelte Regel erwähnt, nach der die Aktivierungsenergie für das Hochtemperaturkriechen nahezu mit der des Selbstdiffusionsvorgangs eines reinen Metalls übereinstimmt [5]. Frenkel, Sherby und Dorn [6] haben die Aktivierungsenergie ΔH für das Kriechen an Zinn gemessen und erhielten

$$\Delta H = 21000 \pm 2000 \text{ cal/Mol}$$

in guter Übereinstimmung mit der von uns gefundenen Aktivierungsenergie der Selbstdiffusion des Zinns[2]).

Nach einer empirischen Regel von Grusin [15] liegen die Diffusionskoeffizienten der meisten Metalle beim Schmelzpunkt T_s in der Größenordnung von 10^{-9} bis 10^{-8} cm²/sec. Das trifft auf Zinn und die ebenfalls der IV. Gruppe des Periodensystems angehörenden Metalle Germanium und Blei nicht zu.

$$\text{Ge:}\quad D_{T_s} = 3{,}0 \cdot 10^{-12}\,\text{cm}^2/\text{sec} \quad \text{nach [16]}$$

$$\text{Sn:}\quad D_{T_s} = 9{,}8 \cdot 10^{-11}\,\text{cm}^2/\text{sec}$$

$$\text{Pb:}\quad D_{T_s} = 5{,}5 \cdot 10^{-10}\,\text{cm}^2/\text{sec} \quad \text{nach [17]}.$$

Zusammenfassung

Die Selbstdiffusion in polykristallinem Zinn mit einer Reinheit von 99,9% wurde im Temperaturbereich von 130—225 °C gemessen. Zur Markierung diente ein Isotopengemisch Sn–113/123. Die Auswertung erfolgte 1. nach der Absorptionsmethode, 2. nach einer elektrolytischen Schichtenteilungsmethode. Folgende Werte der Aktivierungsenergie Q und des Frequenzfaktors D_0 wurden gemessen:

Methode	D_0 [cm²/sec]	Q [cal/Mol]
Schichtenteilung	$0{,}78 {+0{,}54 \atop -0{,}32}$	22350 ± 350
Absorption	$0{,}072 {+0{,}025 \atop -0{,}020}$	22800 ± 500

²) Von Gerzriken [14] wurde für die Aktivierungsenergie der Bildung von Leerstellen in Zinn ein Wert von 10650 cal/Mol gemessen. Dieser Wert liegt bereits über dem von Fensham für die Aktivierungsenergie der Selbstdiffusion gefundenen. Letztere setzt sich unter Voraussetzung eines Leerstellenmechanismus aus zwei Anteilen zusammen, die etwa von gleicher Größenordnung sind: einem Anteil zur Bildung und einem Anteil zur Wanderung der Leerstelle. Die Meßwerte von Gerzriken liefern infolgedessen einen weiteren Hinweis für die Richtigkeit der von uns angegebenen Aktivierungsenergie.

Die Absolutwerte der nach der Absorptionsmethode gemessenen Diffusionskoeffizienten weisen eine systematische Abweichung nach zu niedrigen Werten auf; die Aktivierungsenergien stimmen gut überein.

Die mit Hilfe des gemessenen Frequenzfaktors berechnete Aktivierungsentropie ist, wie das die Zenersche Theorie verlangt, positiv. Die Aktivierungsenergie der Selbstdiffusion des Zinns befindet sich in guter Übereinstimmung mit der Aktivierungsenergie des Kriechens.

Literatur

[1] P. J. Fensham, Austral. J. Scient. Res. **3 A**, 91 (1950).
[2] P. J. Fensham, Austral. J. Scient. Res. **4 A**, 229 (1951).
[3] C. Zener, J. Appl. Physics **22**, 372 (1951).
[4] J. F. Nicholas, Acta Metallurgica **3**, 187 (1955).
[5] O. D. Sherby, R. L. Orr und J. E. Dorn, J. Metals **6**, 71 (1954).
[6] R. E. Frenkel, O. D. Sherby und J. E. Dorn, Acta Metallurgica **3**, 470 (1955).
[7] A. M. Sagrubski, Phys. Ztsch. Sowjetunion **12**, 118 (1937).
[8] J. Steigman, W. Shockley und F. C. Nix, Phys. Rev. **56**, 13 (1939).
[9] W. Seith, Diffusion in Metallen, Springer, Berlin 1956.
[10] P. Jacquet, International Tin Research techn. Publ. A 1939 Nr. 90.
[11] Pfannhauser, Galvanotechnik. Akadem. Verlagsgesellschaft Geest & Portig KG, Leipzig 1949/50.
[12] W. Lange, A. Hässner und K. Sieber, Isotopontechnik, in Vorbereitung.
[13] S. Dushman, J. Amer. chem. Soc. **43**, 397 (1921) (ref. in [9]).
[14] S. D. Gerzriken und B. F. Sljusar, Физика металлов и металловедение **6**, 1061 (1958).
[15] P. L. Grusin, Проблемы металловедения и Физики металлов Bd. 5, Moskau 1958, S. 378.
[16] Letaw, Portnoy und L. Slifkin, Phys. Rev. **102**, 636 (1956).
[17] B. Okkerse, Acta Metallurgica **2**, 551 (1954).
[18] W. Kunz und J. Schintlmeister, Tabellen der Atomkerne, Teil 1, Akademie-Verlag, Berlin 1959.

(Eingegangen am 20. 3. 1961)

Zusatz bei der Korrektur: Die Selbstdiffusion in Sn wurde kürzlich auch von J. D. Meakin und E. Klokholm an Einkristallen gemessen (Trans. AIME **218**, 463 (1960)). Die Ergebnisse dieser Autoren stimmen im wesentlichen mit den von uns gefundenen Werten überein.

Optische Werke, Jena

Ätzversuche an synthetischem Quarz

Von

GISELA GÜLZOW-QUAL

Es werden Ätzversuche an synthetischem Quarz beschrieben, die eine Beziehung zwischen Ätzgruben und bestimmten wachstumsbedingten Störungen im Kristall erkennen lassen. Durch einen verlängerten Ätzprozeß werden an zahlreichen Ätzgruben Hohlkanäle erzeugt, die zu Einschlüssen und Hohlräumen führen. Diese sogenannten *Ätzkanäle* bilden sich wahrscheinlich an Versetzungen aus, als deren unmittelbare Ursache die Einschlüsse und Hohlräume angesehen werden müssen.

A description is given of etching experiments on synthetic quartz in order to investigate the relation between etching cavities and certain growth-conditioned irregularities of the crystal. By a prolonged etching process, hollow channels are produced at many etching cavities and lead to inclusions and hollow spaces. These so-called etching channels are likely to develop at dislocations; inclusions and cavities may give rise to them.

Es ist ein bekanntes Verfahren, Versetzungen, die die Kristalloberfläche erreichen, durch Erzeugung von Ätzfiguren sichtbar zu machen. Dabei gelang es verschiedentlich durch die Anwendung dieser Methode, die Versetzungen selbst aufzuschließen. Bereits früher wurden solche Erscheinungen an zahlreichen

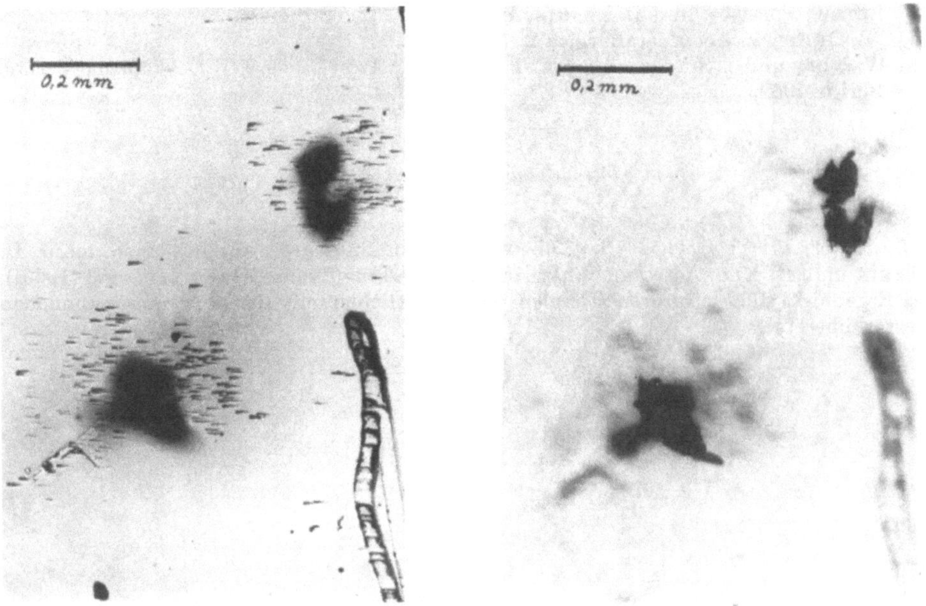

(a) (b)

Fig. 1. Anhäufung von Ätzgruben auf der $(10\bar{1}1)$-Fläche über Einschlüssen (a) Scharfeinstellung auf die tiefer liegenden Einschlüsse (b)

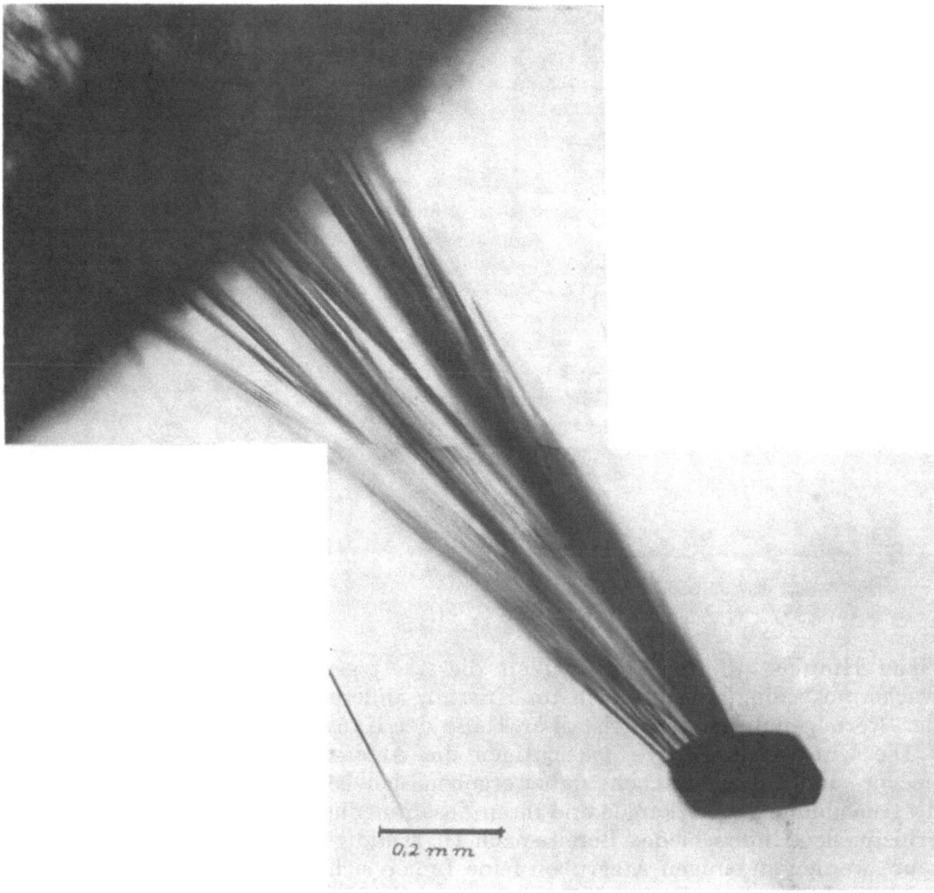

Fig. 2. Eine Schar von Ätzkanälen führt von einem Einschluß strahlenartig zur $(10\bar{1}1)$-Fläche.

Mineralien beobachtet, sie gewinnen jedoch erst in neuerer Zeit unter den Gesichtspunkten der Versetzungstheorie und im Hinblick auf den Bedarf an versetzungsfreien Einkristallen besondere Bedeutung.

1952 stellte Horn [1] an SiC u. a. fest, daß durch verlängertes Ätzen die Ätzgruben eine starke Vertiefung erfahren und in *Lösungskanälen* entlang Versetzungslinien auslaufen, die bei dünnen Kristallen von einer Fläche zur anderen führen können. Analoge Beobachtungen wurden von Horn, Kaspar und Fullam [2] an AlB_2, von Lovell [3] an Apatit und von Augustine und Hale [4] an Quarz gemacht und auch mit Versetzungen in Zusammenhang gebracht.

Ätzversuche, die von uns an synthetischen Quarzkristallen durchgeführt wurden, zeigen ebenfalls diesen Effekt und lassen darüber hinaus eine interessante Beziehung zwischen Ätzgruben und gröberen Kristallfehlern erkennen. Bei länger geätzten Kristallen (mehrere Stunden) führen von zahlreichen Ätzgruben Kanäle in das Kristallinnere, die häufig an Einschlüssen enden. Es ist anzunehmen, daß sich diese *Ätzkanäle* an Versetzungen ausbilden, als deren unmittelbare Ursache in vielen Fällen Einschlüsse angesehen werden müssen. So erhält man einerseits

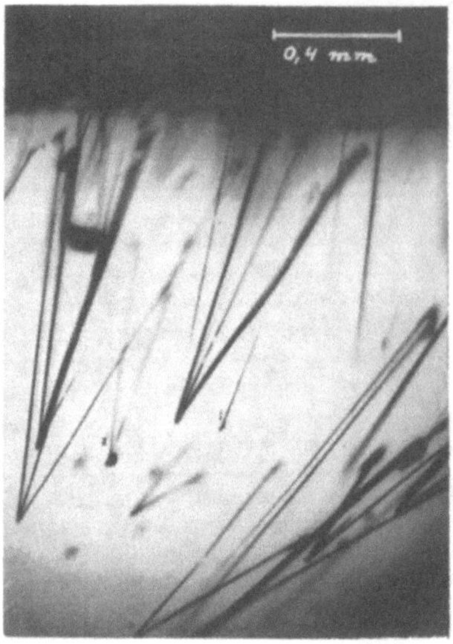

Fig. 3. Ätzkanäle unter einer Prismenfläche

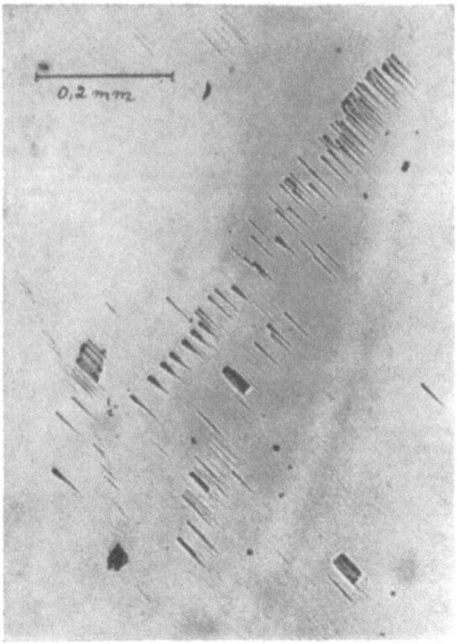

Fig. 4. Ätzgruben auf der $(10\bar{1}1)$-Fläche

einen Hinweis auf die Abhängigkeit dieser Ätzgruben von ganz bestimmten wachstumsbedingten Störungen im Kristall, andererseits kann die Auswirkung der Störungen durch den Kristall an Hand der Kanäle verfolgt werden.

Die Untersuchungen berücksichtigen die Ätzerscheinungen auf den Rhomboeder- und Prismenflächen; dabei ergeben sich bei den einzelnen Formen für die Ausbildung der Ätzkanäle und ihren Zusammenhang mit Kristallfehlern keine prinzipiellen Unterschiede. Bereits nach $1^1/_2$ stündigem Ätzen mit 40%iger Flußsäure werden an einigen Ätzgruben feine Linien sichtbar, die von der Spitze der Gruben meist schräg in den Kristall laufen. Sie lassen sich oft schon in diesem Stadium einige Millimeter weit verfolgen, ohne daß sich bei mikroskopischer Beobachtung ein besonderer Endpunkt erkennen läßt. Dies gelingt erst nach längerer Einwirkung der Säure, die zu einer Ausweitung und Verlängerung der Kanäle führt, deren Zahl gleichzeitig zunimmt. In einem sehr fortgeschrittenen Stadium kann durch die starke Auflösung in den Kanälen ein versetzungsreicher Kristall vollkommen porös werden.

Während zahlreiche dieser manchmal bandartigen Ätzkanäle an Einschlüssen enden und einzelne durch den ganzen Kristall zur Keimplatte führen, stehen andere in Verbindung mit großen, flachen Spalten, die sich unter extremen Wachstumsbedingungen gebildet haben. Die Anordnung der Ätzgruben auf der Oberfläche steht in enger Beziehung zu der Art und dem Ausmaß der jeweiligen Störung im Kristall. Im wesentlichen lassen sich folgende Fälle unterscheiden:

1. *Gruppen von Ätzgruben, die sich über Einschlüssen anordnen* (*Fig. 1*).

Die Dichte der Ätzgruben nimmt hier sehr stark zu, etwa von 10^3 auf 10^5 cm^{-2} (10^3 cm^{-2} ist die durchschnittliche Dichte). Bei genügend langem Angriff der Flußsäure kommt es zur Ausbildung von Kanälen, die vom Einschluß gesehen strahlenartig zur Oberfläche laufen. (Fig. 2 und 3.) Die Einschlüsse, meist aus einer Anhäufung vieler kleiner Kristallnadeln bestehend, liegen bis zu einigen Millimetern unter der Oberfläche. Bemerkenswerterweise werden tiefer liegende seltener erfaßt, wenn, dann treten fast immer nur einige wenige Ätzgruben auf. Versetzungen, die von diesen Einschlüssen ausgehen, stoßen wahrscheinlich nicht alle zur Oberfläche durch, sondern enden bereits im Kristall.

2. *In Reihen angeordnete Ätzgruben* (*Fig. 4*).

Sie deuten auf eine gestreckte Form der sie erzeugenden Störung im Kristall hin. Die in den Kristall führenden Kanäle verlaufen dann meist exakt parallel (Fig. 5 und 6) und enden in Spalten, einzelnen Kristallnadeln und Ähnlichem.

3. *Einzelne Ätzgruben, die Verbindung zu Einschlüssen oder auch zur Keimplatte haben.*

So können sowohl aus der Anordnung der Ätzgruben gewisse Rückschlüsse auf die sie verursachenden Störungen gezogen werden, wie auch aus dem Verlauf der Kanäle.

Eine verbreitete Erscheinung ist das plötzliche Abbiegen der Ätzkanäle um einen mehr oder weniger großen Winkel (Fig. 7). Besonders eindruckvoll ist dies, wenn eine ganze Reihe von benachbarten, parallelen Kanälen eine Richtungsänderung um den gleichen Winkel erfährt (Fig. 8 und 9).

Fig. 5. Im rechten Teil der Aufnahme befinden sich Ätzgruben, die infolge der sehr langen Ätzzeit unregelmäßig gestaltet sind und von denen eine Schar paralleler Ätzkanäle (Mitte) in den Kristall läuft. Die $(10\bar{1}1)$-Fläche liegt schräg zur Aufnahmerichtung

Der für die Aufweitung der Versetzungen und damit für ihr Sichtbarwerden verantwortliche Ätzprozeß ist durch eine relativ hohe Auflösungsgeschwindigkeit parallel zu den Ätzkanälen und eine extrem niedrige senkrecht dazu gekennzeichnet. Obwohl diese verhältnismäßig groben Lösungskanäle natürlich keine Aussage über den eigentlichen Verlauf der Versetzungen zulassen, wäre es doch von Interesse, ihre Richtungen und Beziehungen zur Struktur zu erfahren. Allgemein läßt sich sagen, daß die verschiedensten Orientierungen auftreten, aber scheinbar auch besondere bevorzugt werden.

Fig. 6. Ätzgruben auf der $(10\bar{1}1)$-Fläche mit Kanälen

Einzelne Ätzgruben, deren zugehörige Kanäle an keiner

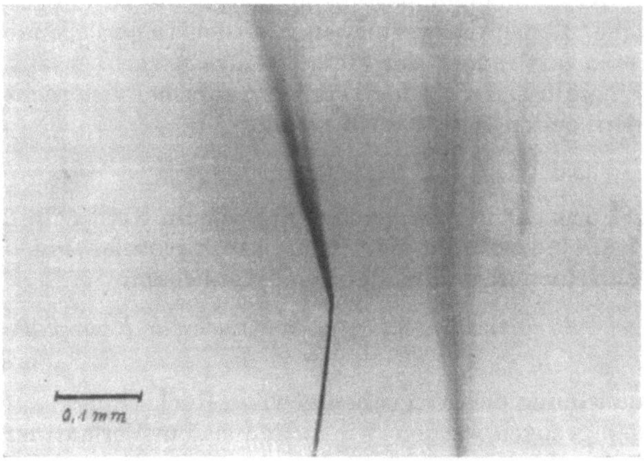

Fig. 7. Richtungsänderung eines Ätzkanals

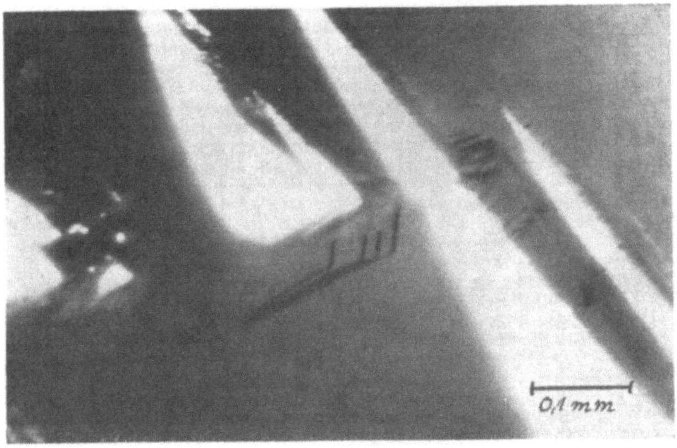

Fig. 8. Im Zentrum der Aufnahme vier Ätzkanäle, die in gleicher Weise ihre Richtung ändern

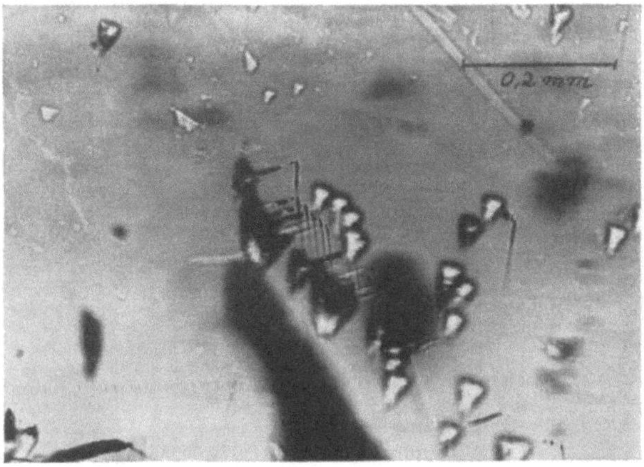

Fig. 9. Eine Reihe von Ätzkanälen ändert ihre Richtung. Die hellen unscharfen Flecken sind Ätzgruben, der dunkle Schlauch (untere Bildhälfte) ist ein Spalt, zu dem die Kanäle führen

sichtbaren Störung enden, legen auf Grund der Ähnlichkeit ihrer Anordnung und des Verlaufs der Kanäle mit den oben genannten den Schluß nahe, daß analoge submikroskopische Fehler die Ursache sind. Nicht berührt von diesem Ergebnis werden jene Ätzgruben, die zwar in ihrer Ausbildung den anderen gleichen, an denen sich aber keine Kanäle nachweisen ließen, sowie eine weitere Gruppe von flachen, muldenartigen Ätzgruben. Diese verändern sich nach Erreichen einer bestimmten Tiefe kaum noch und lassen sich mit den von GILMAN [5] am LiF beobachteten durch Fällungen hervorgerufenen Ätzgruben vergleichen.

Herrn Prof. Dr. Dr. h. c. P. GÖRLICH und Herrn Dr. W. LÜDKE, die mir Gelegenheit zur Durchführung dieser Arbeit gaben und sie durch ihre Unterstützung wesentlich förderten, möchte ich meinen besten Dank aussprechen.

Literatur

[1] HORN, Phil. Mag. Ser. 7, **43**, 1210 (1952).
[2] HORN, KASPAR und FULLAM, Nature **169**, 927 (1952).
[3] LOVELL, Acta Met. **6**, 775 (1958).
[4] AUGUSTINE und HALE, J. Phys. Chem. Solids **13**, 344 (1960).
[5] GILMAN, J. appl. Phys. **30**, 1584 (1959).

(Eingegangen am 17. 3. 1961)

Optische Werke, Jena

Die Verfärbungsspektren von Strontiumfluorideinkristallen

Von

Hans Karras

Die subtraktiven und additiven Verfärbungsspektren von Strontiumfluorid wurden gemessen. Es konnten reproduzierbare Spektrentypen erzielt werden. Reine Kristalle ließen sich mit Röntgenstrahlen nur sehr schwach verfärben. Sie zeigten nach additiver Verfärbung ein Absorptionsspektrum, das als typisch für die Eigenstörstellen angesehen werden konnte. Einbau von Sauerstoff veränderte das Absorptionsspektrum sowohl vor als auch nach der Verfärbung. Die dazugehörigen Verfärbungsspektren unterschieden sich deutlich von dem der Eigenstörstellen.

The spectra of subtractive and additive coloration of strontium fluoride were measured. Reproducible types of spectra were obtained. Pure crystals could be coloured only slightly by X-rays. After additive voloration, they exhibited an absorption spectrum which could be regarded as typical of the intrinsic defects. Addition of oxygen altered the absorption spectrum before and after the coloration; the coloration spectra found were quite different from those of the intrinsic defects.

1. Einleitung

Obwohl zum Problem der subtraktiven und additiven Verfärbung von CaF_2 in den letzten Jahren zahlreiche Arbeiten bekannt geworden sind (Literaturangaben z. B. in [1]), ist die Frage nach der Natur der Banden noch weitgehend offen. Ebensowenig besteht Klarheit darüber, weshalb sich die subtraktiven und additiven Verfärbungsspektren bezüglich CaF_2 in Zahl und Lage der Banden so grundsätzlich voneinander unterscheiden. Ungeklärt ist ferner, welche Spektren im wesentlichen durch die chemische und welche durch die thermische Fehlordnung hervorgerufen sein könnten.

Zum gegenwärtigen Stand auf dem Gebiet des CaF_2: Künstlich im Hochvakuum gezüchtete Kristalle, deren Ausgangsmaterial aus höchstreinen synthetischen Präparaten bestand, ließen sich substraktiv mittels Röntgenstrahlung nur äußerst geringfügig verfärben [2] und [3]. Das Verfärbungsspektrum wies keine deutliche Struktur auf. Dagegen zeigten die Kristalle nach additiver Verfärbung im Ca-Dampf, wobei saubere experimentelle Bedingungen gewährleistet waren, ausgeprägte Verfärbungsspektren [4]. Aber auch hier wurden gegenüber den von Mollwo [5] erhaltenen Ergebnissen Abweichungen festgestellt.

Die kurz dargelegten Ergebnisse am CaF_2 und die skizzierten Schwierigkeiten hinsichtlich ihrer Deutung ließen es zweckmäßig erscheinen, die Messungen auf andere Erdalkalihalogenide, deren Gitteraufbau ebenfalls vom Flußspat-Typus ist, auszudehnen. Als nächste Substanz kam vor allem SrF_2 in Betracht. Wegen der unterschiedlichen Größe der Ionenradien von Strontium und Calcium konnte damit gerechnet werden, daß sich die Fehlordnung durch Fremdatome beim SrF_2 leichter unterdrücken ließ als beim CaF_2.

Subtraktive und additive Verfärbungsspektren von SrF_2 wurden von Görlich und Karras angegeben [4]. Schulman [6] erwähnte Untersuchungen der subtraktiven Verfärbung von SrF_2, in die einwertige Kationen eingebaut worden waren. Neueste Untersuchungen zur subtraktiven Verfärbung wurden von SMAKULA und Mitarbeitern angekündigt [7][1]).

In vorliegender Arbeit sollen die wichtigsten Eigenschaften der subtraktiv und additiv verfärbten SrF_2-Kristalle beschrieben werden.

2. Technische Daten

Die Kristalle wurden im Hochvakuum nach dem Verfahren von STOCKBARGER [8] gezüchtet. Die nach einem modifizierten STÖBERschen Verfahren [9] hergestellten Kristalle wurden nur zu orientierenden Messungen verwendet.

Vor der Verfärbung besaßen die Kristalle ein unterschiedliches Absorptionsverhalten, das für 3 Sorten in Fig. 1 wiedergegeben wurde.

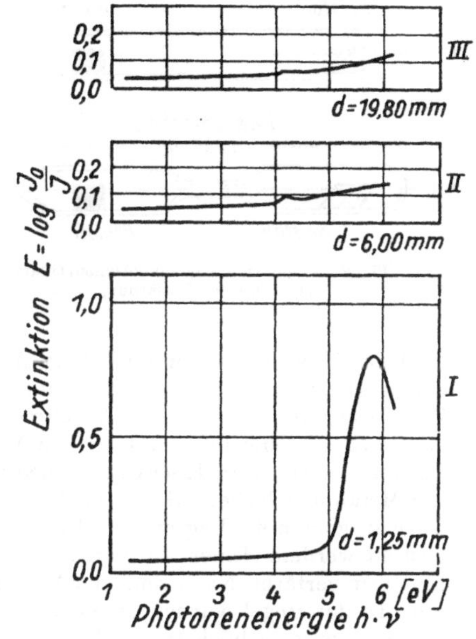

Fig. 1. Absorptionsspektren unverfärbter Kristalle

Sorte I (Kurve I) stammt von einem nur einmal umgeschmolzenen Kristall. Er besaß eine starke Absorptionsbande bei 5,85 eV (212 nm), deren Ursache unten näher diskutiert wird. Eine zweite schwache Bande lag bei 4,20 eV (295 nm), die wegen der geringen Schichtdicke aus Kurve I nicht zu ersehen ist, die aber etwa die gleiche Stärke wie in Sorte II aufwies ($K = 0{,}02\ cm^{-1}$). Ihre Ursache konnte nicht ermittelt werden. Wahrscheinlich war sie für eine sehr schwache Fluoreszenz der Kristalle verantwortlich, da mit ihrer Abnahme auch die Fluoreszenz geringer wurde. Durch mehrfaches Umschmelzen konnte schließlich ein Kristall (Durchmesser 150 mm, Höhe 100 mm) erhalten werden (Sorte III), dessen Absorptionsspektrum (Kurve III) nur noch eine schwache selektive Absorption bei 4,20 eV ($K = 0{,}001\ cm^{-1}$) zeigte. Dieses Material fand für die Hauptversuche ausschließlich Verwendung.

Tabelle 1

Ba	Ca	Al	Si	Mg	Pb	Mn	Fe	As	Y	Tl
1	20	2—3	1—2	3—4	—	—	1	—	—	—

— nicht nachgewiesen, 1 Verunreinigung 1/1000%, 10 Verunreinigung 1/10%.

[1]) Nach Fertigstellung dieser Arbeit sind die Veröffentlichungen in Phys. Rev. **120**, 1154 (1960) (W. J. SCOULER und A. SMAKULA) und Phys. Rev. **120**, 1162 (1960) (O. MESSNER und A. SMAKULA) erfolgt. SMAKULA und Mitarbeiter haben SrF_2 mit Elektronenstrahlen verfärbt. Ihre beiden veröffentlichten Spektren sehr starker Absorption besitzen Banden, die hier nach Röntgenbestrahlung erhalten wurden und zwar an Kristallen, die eine starke UV-Absorption zeigten, die also unserer Meinung nach Sauerstoffionen enthielten. Dagegen ließen sich unsere sehr gut UV-durchlässigen SrF_2-Proben nur schwach röntgenverfärben.

Tabelle 1 enthält das Ergebnis der spektralanalytischen Reinheitsuntersuchung. Die stärkste Verunreinigung wurde durch Ca hervorgerufen. Wegen der chemischen Verwandtschaft zum Sr ist anzunehmen, daß diese Verunreinigung die festkörperphysikalischen Eigenschaften nur unwesentlich beeinflußt hat.

Die subtraktive Verfärbung wurde mit einer handelsüblichen Röntgen-Grobstrukturanlage unter Vollast (200 kV, 20 mA) durchgeführt. Die Strahlendosisleistung betrug am Ort der Probe etwa 3000 r/Min..

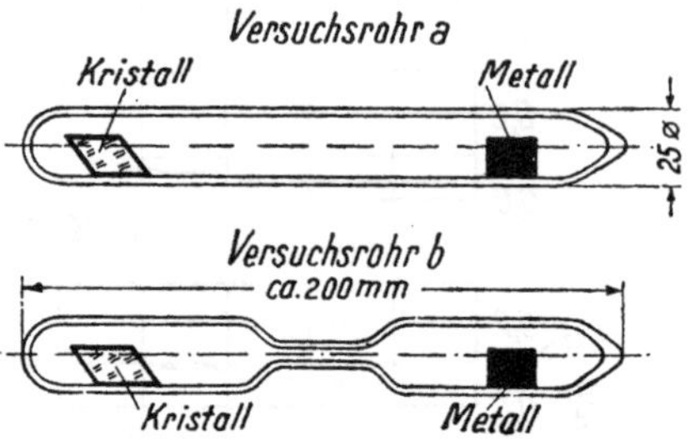

Fig. 2. Ampullen aus geschmolzenem Quarz zur additiven Verfärbung

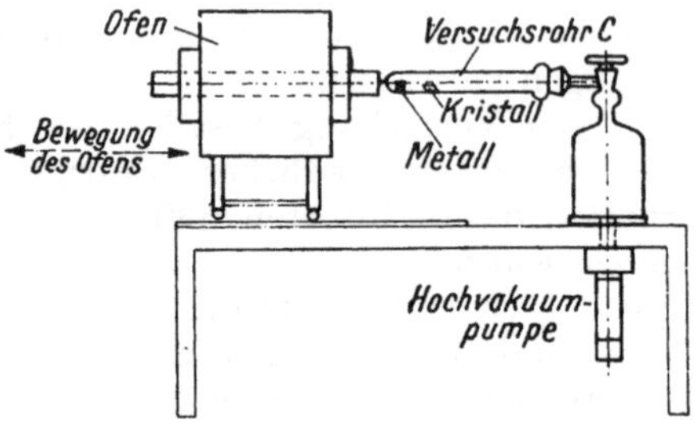

Fig. 3. Versuchsanordnung zur additiven Verfärbung bei laufender Hochvakuumpumpe

Die additive Verfärbung wurde in Ampullen (Fig. 2) und Rohren (Fig. 3) aus geschmolzenem Quarz vorgenommen. Die Ampullen wurden vor dem Abschmelzen auf etwa $5 \cdot 10^{-5}$ Torr ausgepumpt. Nach dem Abschmelzen zeigte eine Gasentladung, daß sich das Vakuum erheblich verschlechtert hatte. Die Versuchsanordnung der Fig. 3 ermöglichte die Verfärbung unter guten Hochvakuumbedingungen und unter Vermeidung einer Oxydierung der Metalloberflächen. Sofort nach Einführung von Kristall und Metall wurde auf $1 \cdot 10^{-5}$ Torr ausgepumpt. Beginn und Ende der Verfärbung konnten an dem Druckverlauf festgestellt werden. Innerhalb von höchstens 11 Minuten waren die Proben kräftig und gut homogen verfärbt. Nach Ende der Verfärbung stellte sich wieder der Druck von $1 \cdot 10^{-5}$ Torr ein. In der Regel wurden die Quarzrohre nunmehr sofort abgeschreckt (Dauer des Abschreckprozesses höchstens 2 Min.). In einigen Fällen wurden die Proben noch einige Minuten im Hochvakuum und bei den Verfärbungstemperaturen belassen. Die Kristalle besaßen dann eine farblose Schicht unmittelbar unter der Oberfläche. Die Dicke dieser Schicht war von der Zeit nach Beendigung der Verfärbung bis zum Abschrecken abhängig.

3. Experimentelle Daten

3.1 Zur subtraktiven Verfärbung

Die Kristalle der Sorten I bis III wurden mit Röntgenstrahlen verfärbt. Die Verfärbbarkeit nahm von Sorte I nach Sorte III ab.

In Fig. 4 wurden die Absorptionsspektren der Sorten I und II eingetragen (Kurven Ia und IIa vor Verfärbung, Kurven Ib und IIb nach Verfärbung). Während sich das Verfärbungsspektrum der Sorte II als stabil erwies, entfärbte sich das Material der Sorte I merklich (Kurven Ic bzw. Id nach 4 bzw. 41-tägiger Dunkellagerung). Die Abhängigkeit des Absorptionsverlaufs von der Lagerung machte sich in einem Farbumschlag von rosa nach graugrün bemerkbar.

Das Verfärbungsspektrum einer Probe der Sorte II zeigt mit vergrößertem Ordinatenmaßstab Fig. 5, Kurve II. Es wurde gegen eine gleich dicke, unverfärbte Probe gemessen, so daß die selektive Absorption bei 4,20 eV nicht zu erkennen ist. Nach kurzzeitiger Erhitzung auf 600 °C konnte die Probe fast vollständig entfärbt

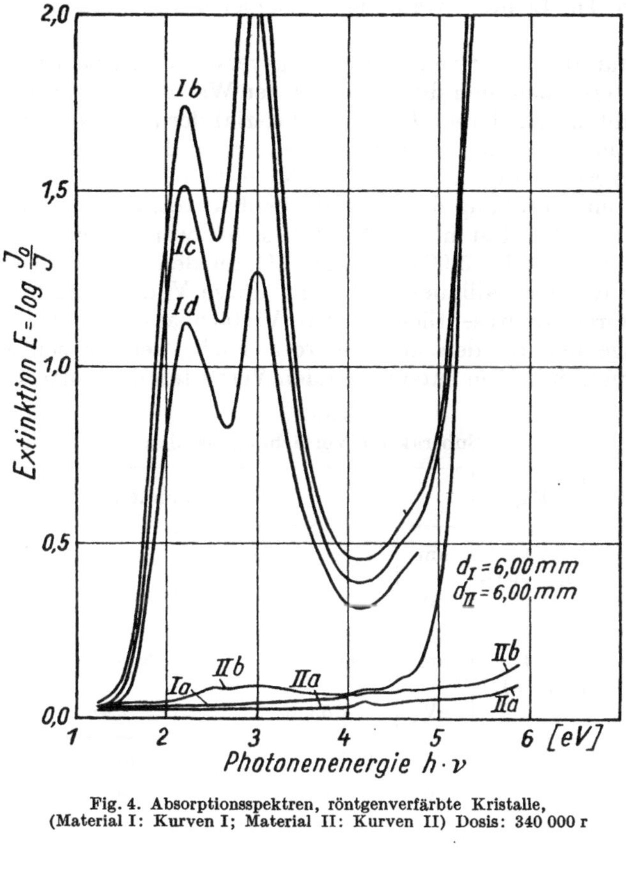

Fig. 4. Absorptionsspektren, röntgenverfärbte Kristalle, (Material I: Kurven I; Material II: Kurven II) Dosis: 340 000 r

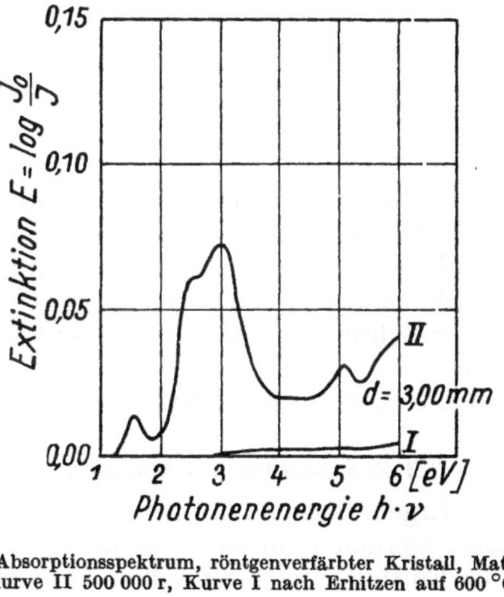

Fig. 5. Absorptionsspektrum, röntgenverfärbter Kristall, Material II (Kurve II 500 000 r, Kurve I nach Erhitzen auf 600 °C)

werden (Kurve I). Lichteinstrahlung verkleinerte die Banden ebenfalls charakteristisch.

Besonders für die additiven Verfärbungsversuche wurde es notwendig, den Einfluß zu untersuchen, den die Luft oder der Wasserstoff auf die hocherhitzten Kristalle ausübten. Als Kristalle wurde Material der Sorte II verwendet.

Die Absorptionsverläufe vor (Kurve I) und nach der thermischen Behandlung in Luft sind in Fig. 6, unten, enthalten. Nach dem Erhitzen (760 Torr, 1000 °C, 8 Min.) wurde eine Trübung des Kristalls beobachtet, die sich nur an der Oberfläche gebildet hatte. Der übrige Kristall selbst war völlig klar geblieben. Er zeigte eine neue Bande bei 5,90 eV (Kurve II), die den Gedanken an die Diffusion eines Gases in das Kristallinnere nahelegt. Diese Vorstellung fand eine weitere Bestätigung durch die wesentlich stärkere Verfärbbarkeit nach Röntgenbestrahlung. Die Lage der Banden und die rosa Farbe der Proben waren in guter Übereinstimmung mit dem entsprechenden Verhalten der Sorte I.

Tabelle 2
Subtraktive Verfärbungsbanden

Material	Fig.	Banden					
Sorte I starke Bande bei 5,85 eV	4 Kurve Ib	nm		556		414	
		eV		2,20		2,99	
Sorte II keine Bande bei 5,85 eV	4 Kurve IIb	nm	800		500	414	
		eV	1,55		2,48	2,99	
	5	nm	800		496	413	426
		eV	1,55		2,50	3,00	5,05
Sorte II an Luft erhitzt Bildung der Bande 5,90 eV	6	nm		570		440	
	unten	eV		2,17		2,82	
Sorte II	6	nm			520	420	
in H_2 erhitzt	oben	eV			2,38	2,95	

Nach thermischer Behandlung in Wasserstoff (100 Torr, 1000 °C, 1^h) trat keine Trübung des Kristalls auf. Die Absorptionsspektren vor und nach der Behandlung fielen zusammen (Kurve I, Fig. 6, oben). Eine Einwirkung auf den Kristall muß aber auch hier stattgefunden haben, da sich nach Röntgenbestrahlung eine relativ starke rosa Verfärbung einstellte. Eine gleichzeitig mitbestrahlte aber unbehandelte Probe blieb farblos.

In Tabelle 2 wurden die nach substraktiver Verfärbung erhaltenen Banden eingetragen.

3.2 *Zur additiven Verfärbung*

Es werden zuerst die Ergebnisse beschrieben, die unter den saubersten Versuchsbedingungen erzielt werden konnten (Versuchsapparatur Fig. 3, Kristallproben Sorte III). Der Einfluß der thermischen Versuchsbedingungen auf die

Ausbildung der Verfärbungsspektren wurde untersucht (Verfärbungsdauer 4 bis 24 Min., Verfärbungstemperatur 900 °C bis 1100 °C, Abkühlzeiten wenige Minuten bis einige Stunden). Zahlreiche Versuchsreihen ergaben, daß diese Variation der thermischen Versuchsbedingungen keinen Einfluß auf die Struktur der Verfärbungsspektren und damit auf die Farbe der verfärbten Kristalle hatten. Nach der Verfärbung besaßen die Kristalle eine kräftig grüne und klare Farbe.

Fig. 7 zeigt das Absorptionsspektrum eines additiv verfärbten Kristalls. Tabelle 3 enthält die Mittelwerte der Bandenlagen einer großen Zahl verschiedener Verfärbungsversuche.

Tabelle 3
Additive Verfärbungsbanden (grüne Verfärbung)

	Banden						
nm	631,48 ± 0,87	446,37 ± 0,53	361,8	340,9	307,1	293,9	234
eV	1,964	2,778	3,43	3,64	4,04	4,22	5,30
rel. Stärke	stark	sehr stark	sehr schw.	sehr schw.	mittel stark		schw.

Die Absorptionsspektren besaßen zwei kräftige langwellige Banden, die im folgenden als Hauptbanden bezeichnet werden. Die *blaue Hauptbande* bei 2,78 eV würde den Kristall bernsteingelb verfärben, erst in Verbindung mit der *roten Hauptbande* bei 1,96 eV ergibt sich die grüne Farbe. Eine Absorptionsbande bei 5,90 eV, die nach der thermischen Behandlung der Kristalle an Luft entstanden war, trat nicht auf. Durch ungewollt eindiffundierte Gase dürfte eine wesentliche Beeinflussung der Verfärbungsspektren für wenig wahrscheinlich gehalten werden.

Die Kristalle wurden in der überwiegenden Mehrzahl mit Strontiummetall, in einigen Fällen auch mit Natrium und Barium verfärbt. Unterschiede hinsichtlich der Absorptionsspektren traten nicht auf. Die Metalle wurden vor der Verfärbung längere Zeit auf 600 °C erhitzt, so daß die in ihnen enthaltenen Gase herausdiffundieren konnten (experimentell am Druckverlauf zu erkennen). Der Reinheitsgrad dieser Metalle betrug etwa 99%.

Die folgenden Versuche zeigen das Verhalten der Hauptbanden nach Einstrahlung von Licht und Abkühlung auf tiefe Temperaturen.

Bei den Alkalihalogeniden führt Lichteinstrahlung in die F-Bande zur Bildung einer neuen Bande, der F'-Bande. Fig. 8 zeigt das Ergebnis solcher Versuche am SrF_2. Während sich die Hauptbanden entfärbten, erhöhte sich das zwischen ihnen liegende Minimum geringfügig. Wahrscheinlich wurde die Erhöhung durch die Bildung einer neuen Bande oder durch Verstärkung einer in diesem Gebiet bereits vorhandenen Bande hervorgerufen. Nachdem der Kristall darauffolgend mit Licht von 635 nm (1,95 eV) 2^h bestrahlt worden war, wurde der alte Zustand, die ausgezogene Kurve, wieder erhalten. Der Ausgangszustand wurde auch nach Lagerung bei Zimmertemperatur im Dunkeln erreicht.

Bemerkenswerte Vorgänge konnten bei Bestrahlung der verfärbten Kristalle mit Röntgenlicht beobachtet werden. In Fig. 9 wurden die Absorptionskurven nach der Verfärbung (Kurve 1) und nach darauffolgender Röntgenbestrahlung eingetragen. Die Kurve 2 besitzt große Ähnlichkeit mit der gestrichelten Kurve

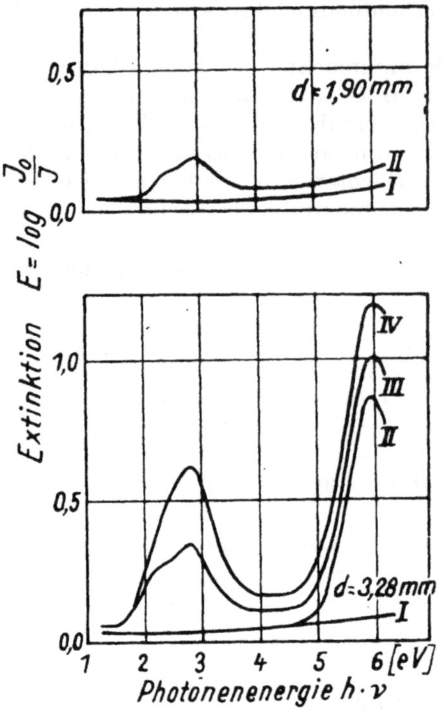

Fig. 6. Oben: in H_2 erhitzt, Kurve II 360 000 r; unten: in Luft erhitzt (Kurve II), Kurve III 30 000 r; Kurve IV 126 700 r

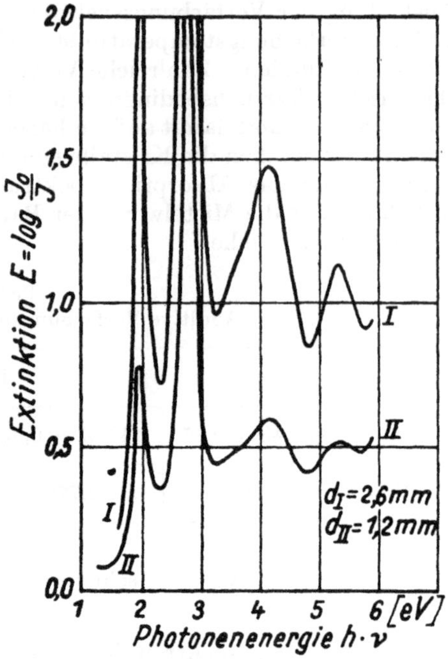

Fig. 7. Absorptionsspektrum, additiv verfärbter Kristall, (Material III, Versuchsanordnung Fig. 3, Verfärbungsfarbe grün)

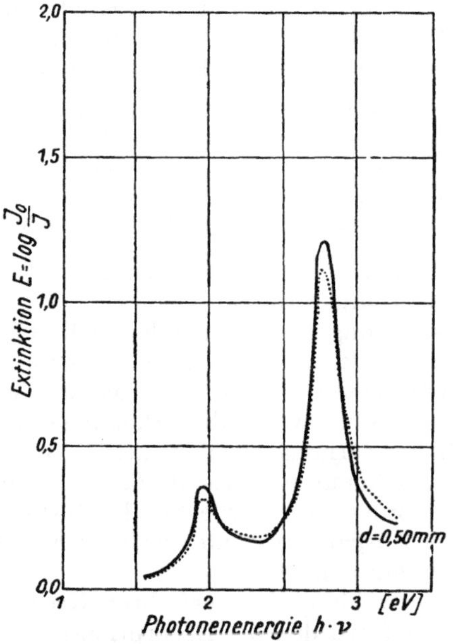

Fig. 8. Ausgezogene Kurve: Verfärbungsspektrum vor Lichteinstrahlung; gestrichelte Kurve: nach Lichteinstrahlung in Bande 2,78 eV, 6 h

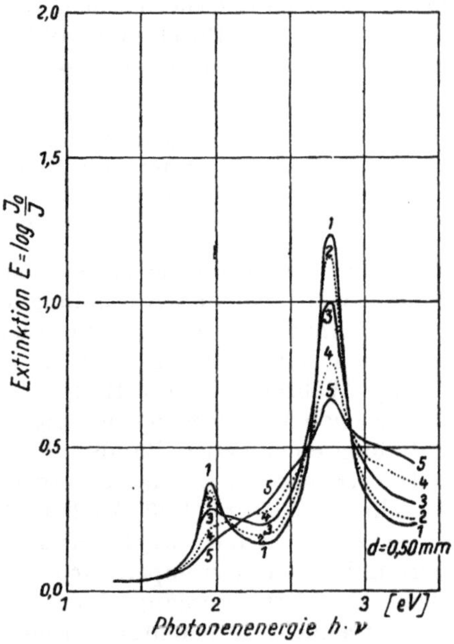

Fig. 9. Kurve 1, Verfärbungsspektrum, Kurve 2 60 000 r, Kurve 3 210 000 r, Kurve 4 510 000 r, Kurve 5 1 110 000 r

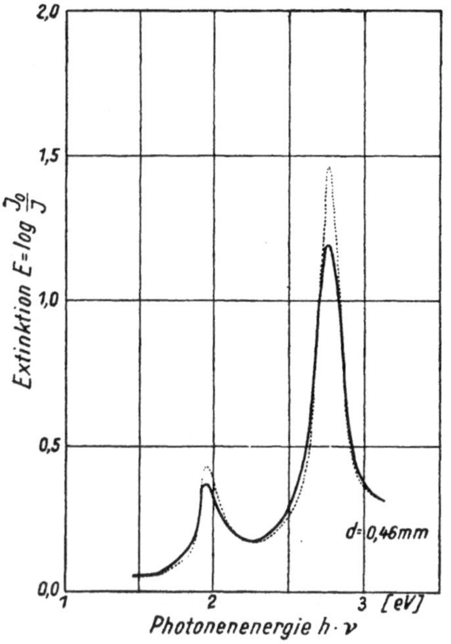

Fig. 10. Ausgezogene Kurve: Verfärbungsspektrum bei Zimmertemperatur; gestrichelte Kurve: nach Abkühlung auf —180 °C

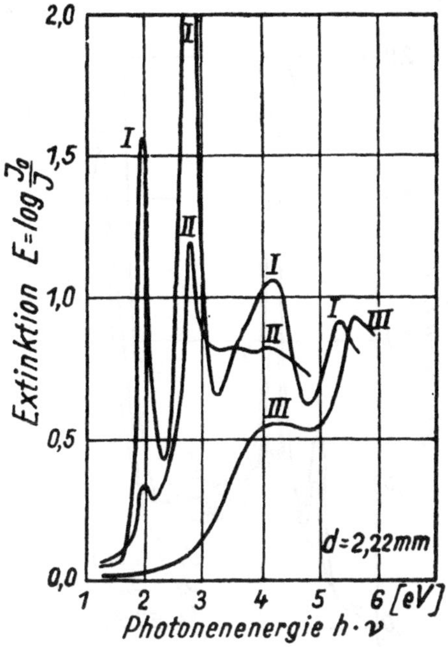

Fig. 11. Thermische Entfärbung im Hochvakuum, Kurve I vor Erhitzen, Kurve II nach Erhitzen auf 610 °C, 35 Min., Kurve III: nach 700 °C, 62 Min.

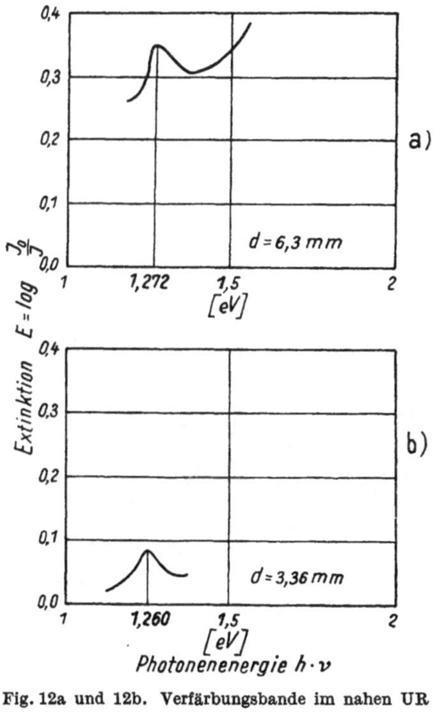

Fig. 12a und 12b. Verfärbungsbande im nahen UR

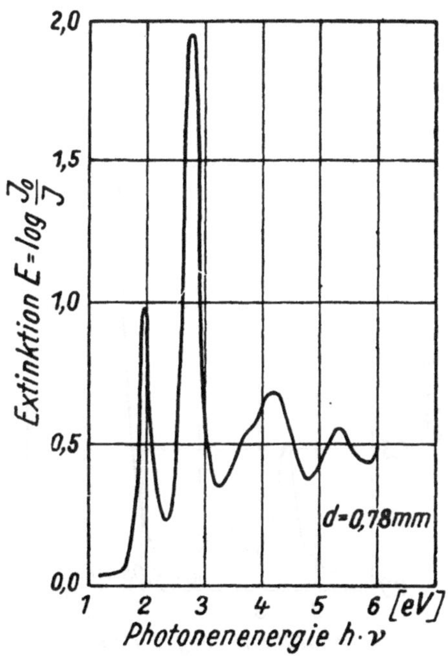

Fig. 13. Absorptionsspektrum, grün verfärbtes Kristallinneres, Verfärbung in Quarzampulle, s. Fig. 2)

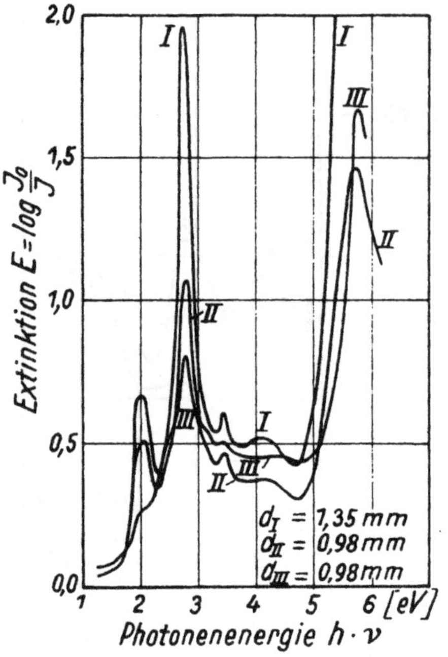

Fig. 14. Absorptionsspektrum, Oberflächenplatte mit grün u. rot verfärbten Teilen, Kurve III nach Erhitzen auf 500 °C, 1h

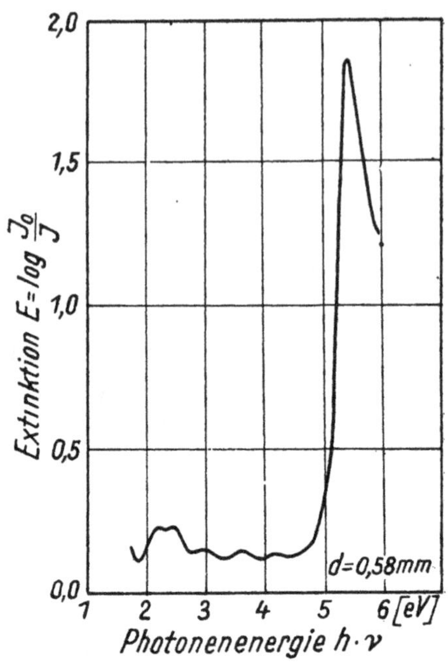

Fig. 15. Absorptionsspektrum, rot verfärbte Schicht

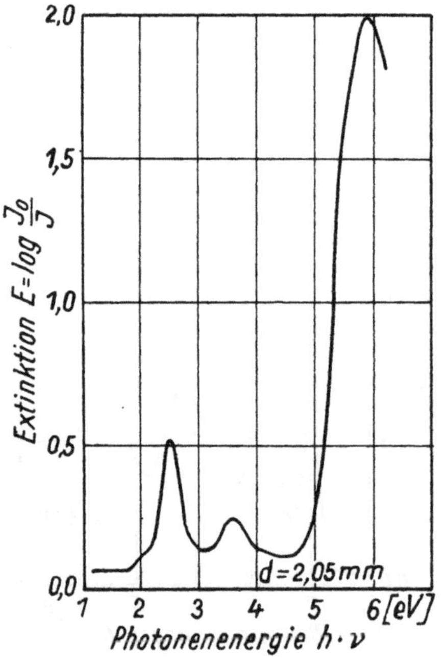

Fig. 16. Absorptionsspektrum, rosa verfärbter Kristall (Material I)

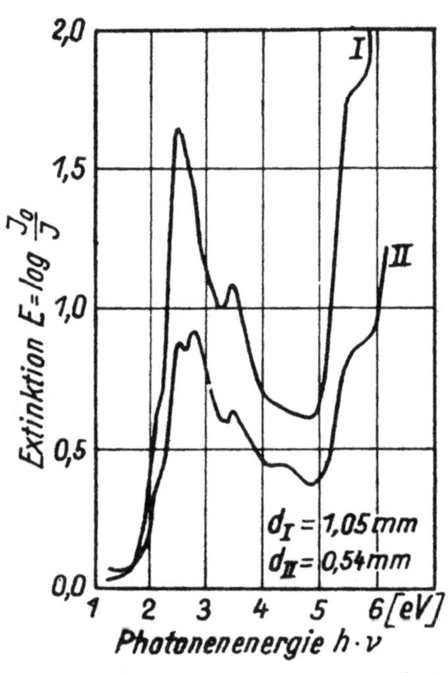

Fig. 17. Absorptionsspektrum, braun verfärbter Kristall (Material I)

aus Fig. 8. Der Unterschied gegenüber dem vorher beschriebenen Versuch besteht darin, daß weder Lichteinstrahlung noch Wärme den Ausgangszustand wiederherstellten.

Abkühlung der verfärbten Kristalle von Zimmertemperatur auf —180 °C führte zu einer Erhöhung der Bandenmaxima und einer Verringerung der Halbwertsbreiten. Eine Verlagerung des Maximums zu kürzeren Wellenlängen war bei der 2,78 eV Bande nicht und bei der 1,96 eV Bande nur in geringem Maße vorhanden (Fig. 10).

Die Verfärbungsspektren waren kurzzeitigen Erhitzungen gegenüber recht stabil. So konnte z. B. eine Erhitzung auf 400 °C nach 30 Minuten noch keine sichtbare Veränderung des Absorptionsspektrums nach sich ziehen (Kurve I, Fig. 11). Erhöhung der Temperatur führte dann aber zu einer sehr raschen Entfärbung, besonders der im Sichtbaren liegenden Banden.

Die grünen Verfärbungsspektren zeigten noch eine äußerst schwache Bande im nahen UR, die nur an genügend dicken Proben ausgemessen werden konnte (Fig. 12a und 12b).

Verfärbungsversuche in Ampullen (10^{-2} Torr) führten zu einer rötlichen Zone (Dicke etwa 0,5 mm), die etwa 0,8 mm unterhalb der Oberfläche lag und deren scharfe Fronten die Unebenheiten der Oberfläche genau abbildeten. Ihre Breite nahm mit der Verfärbungsdauer zu (ca. 3 mm nach 3^h), ihr Farbton wurde dabei gelblich. Das Kristallinnere und die Oberflächenzone waren grün verfärbt. Das Absorptionsspektrum, Fig. 13 (Kristallinneres), unterschied sich nicht von dem der Abb. 7. Die Absorptionsspektren der rötlichen Zone, Fig. 14 (mit grünen Kristallteilen) und Fig. 15, zeigten eine starke Bande bei 5,72 eV. Der Farbumschlag von grün nach rot war eine Folge des veränderten Absorptionsverhaltens (statt der Hauptbanden eine Doppelbande bei 2,18 und 2,45 eV).

Die Bande im fernen UV schien für eine bestimmte Art von Fremdstörung typisch zu sein. Beim Material III trat sie nach der thermischen Behandlung in Luft und nach additiver Verfärbung in Quarzampullen (schlechtes Vakuum) in den Oberflächenzonen auf. Sie fehlte nach grüner additiver Verfärbung (gutes Vakuum) und subtraktiver Verfärbung. Es ist sehr naheliegend, die Bande mit der Diffusion eines Gases in Verbindung zu bringen. Dadurch läßt sich die Bildung von Farbunterschieden sowie das Verhalten der Schichten gut erklären (rote Schicht: Aggregate Fremdatome mit Störstellen). Die Annahme einer Sauerstoffdiffusion ist insofern naheliegend, da sich O^{--} und F^- wegen ihrer nahezu gleichen Ionenradien leicht isomorph substituieren. Spätere, in reiner und trockener Sauerstoffatmosphäre (760 Torr, 1000 ° C, 3^h), durchgeführte Versuche ergaben eine bei 5,9 eV liegende selektive Absorption. Entsprechende Versuche von Bontinck [10] am CaF_2 führten zu einer Bande bei 6,03 eV, die er ebenfalls als Folge des Sauerstoffeinbaus ansah.

Das Kristallmaterial der Sorte I besaß die Bande im fernen UV vom Züchtungsprozeß (Verschlechterung des Hochvakuums). Wie die subtraktiven unterschieden sich auch die additiven Verfärbungsspektren deutlich von denen der Sorten II und III.

Nach additiver Verfärbung mit Strontium wurde eine homogene rosa Verfärbung erzielt (Kristall $12 \times 12 \times 6$ mm³). Das Verfärbungsspektrum konnte mehrfach ausgemessen werden (Fig. 16). Da die starke UV-Bande bereits vor der additiven Verfärbung vorhanden war, können lediglich die beiden starken Banden bei 2,49 eV und 3,59 eV (Mittelwerte) als Verfärbungsbanden bezeichnet werden. Rote und rosa Verfärbung stimmen mit der Lage der 2,49 Bande recht gut überein, so daß man beide Typen für identisch ansehen möchte. Die rosa verfärbten Kristalle zeigten während der UV-Bestrahlung eine kräftige, gelbliche Fluores

Tabelle 4
Additive Verfärbungsbanden

Material Verfärbungsfarbe Bande bei 5,85 eV		Banden (Mittelwerte)												
Sorte III grün keine 5,85 eV Bande	nm	980	631,5				446,4	362		341	307	294		234
	eV	1,265	1,96				2,78	3,43		3,64	4,04	4,22		5,30
	rel. Stärke	s. schw.	st.				s. st.	s. schw.		s. schw.	schw.			schw.
Sorte III rot (rosa ?) 5,85 eV Bande nach Verfärbung	nm				570	506		360				299		
	eV				2,18	2,45		3,45				4,15		
	rel. Stärke				st.			s. schw.				s. schw.		
Sorte I rosa 5,85 eV Bande vor Verfärbung	nm					499			346					
	eV					2,49			3,59					
	rel. Stärke					s. st.			st.					
Sorte I braun 5,85 eV Bande vor Verfärbung	nm			593		497	448	361					281	
	eV			2,10		2,50	2,77	3,44					4,40	
	rel. Stärke			schw.		s. st.	s. schw.	st.					s. schw.	

s. st. = sehr stark; st. = stark; schw. = schwach; s. schw. = sehr schwach

zenz, die Kristalle wurden farblos und verloren ihre Fluoreszenzfähigkeit.

Nach kräftiger additiver Verfärbung entstanden braune Kristalle. Ihre Absorptionsspektren (Fig. 17) sind offensichtlich Überlagerungen der grünen und rosa Spektren. Neue Banden konnten mit Ausnahme des starken Absorptionsanstiegs ab 6,0 eV nicht festgestellt werden. Die Kristalle hatten eine Farbschichtung (Oberfläche 0,4 mm grün, darunter 0,8 mm rosa, Kristallinneres braun). Fig. 18 zeigt das Absorptionsspektrum einer Kristallplatte mit grün und rosa verfärbten Teilen (Ähnlichkeit mit Fig. 15). Zur Entstehung der Farbschichtung könnte man annehmen, daß während der Verfärbung aus der Randzone Sauerstoffionen nach außen diffundiert waren (grüne Oberflächenschicht: geringe; rote Schicht: mittlere; braunes Inneres: starke O^{--} Konzentration).

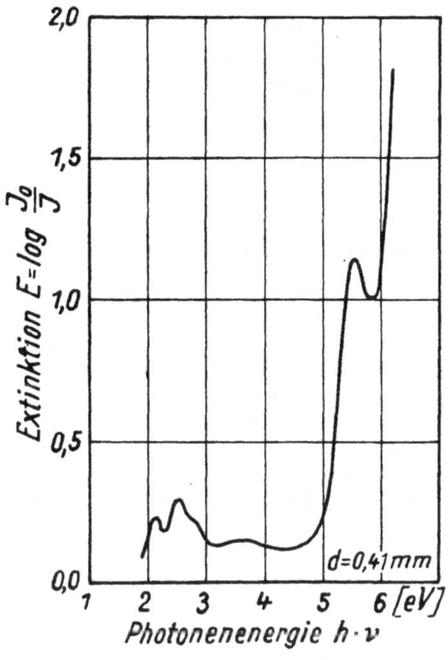

Fig. 18. Absorptionsspektrum, grün u. rosa verfärbter Kristall (Material I)

In Tabelle 4 wurden die reproduzierbar erhaltenen additiven Verfärbungsspektren eingetragen.

Das experimentelle Material legt es nahe, den grünen Verfärgungstyp als wesentlich für die Eigenstörstellen anzusehen und die andersfarbigen als Störungen zu betrachten, die durch Fremdatome (Sauerstoff) hervorgerufen sein könnten. Immerhin ist es denkbar, daß einige Banden der grünen Verfärbung bei weiteren Untersuchungen auf den Einfluß von noch vorhandenen Restverunreinigungen zurückführbar sein werden. Sehr wahrscheinlich wird diese Deutung für die Doppelbande bei 4,04/4,22 eV in Frage kommen, die bereits vor der Verfärbung (Bande bei 4,20 eV) vorhanden war.

4. Zusammenfassung

Nach kurzer Darlegung neuerer experimenteller Ergebnisse am CaF_2 wurden die eigenen experimentellen Ergebnisse über die substraktiven und additiven Verfärbungsspektren von SrF_2 beschrieben. Folgende Ergebnisse wurden erzielt:

a) Die subtraktive Verfärbbarkeit nahm mit zunehmendem Reinheitsgrad der Kristalle ab. Diese Erscheinung bot eine bequeme Möglichkeit zur qualitativen Bestimmung des Reinheitsgrades.

b) Die additive Verfärbung reiner Kristalle unter sauberen Hochvakuumbedingungen ergab grün verfärbte Kristalle. Es traten zwei Hauptbanden bei 2,78 eV und 1,96 eV auf. Die Verfärbungsspektren waren von der Art des Metalls (Strontium, Barium und Natrium) unabhängig.

c) Die additive Verfärbung unter nicht einwandfreien Hochvakuumbedingungen bzw. mit weniger reinen Kristallen führte zu gegenüber b) unterschiedlichen Verfärbungsspektren (rot verfärbte Randzonen, rosa und braun verfärbte Kristalle).

d) Lichteinstrahlung in die Hauptbanden der grünen Verfärbung führte zu einer reversiblen Entfärbung.
e) Die Verfärbungsbanden des SrF_2 erwiesen sich als temperaturabhängig.

Es wurden Gründe erörtert, die dafür sprechen, daß das grüne Verfärbungsspektrum durch die Eigenstörstellen hervorgerufen wurde.

Im folgenden Heft soll eine Diskussion des hier vorgelegten experimentellen Materials erfolgen. Es werden, ausgehend von der geometrischen Struktur, Betrachtungen über die Natur der Banden und die sie verursachenden Zentren angestellt, die zum Vorschlag von zwei farbzentrenähnlichen Modellen führen.

Herrn Prof. Dr. Dr. h. c. P. GÖRLICH möchte ich für die Anregung zur vorliegenden Arbeit und für die zahlreichen wertvollen Hinweise danken. Ebenfalls gilt mein besonderer Dank Herrn Prof. Dr. K. KÜHNE für zahlreiche Anregungen und für seine Erlaubnis, die Mittel des Instituts für angewandte Optik der Universität Jena zu benutzen. Herzlich danken möchte ich den Herren des Kristall-Laboratoriums der optischen Werke, Herrn Dr. W. LÜDKE und Herrn Dipl.-Ing. R. REIMANN, für die Züchtung der Kristalle und wertvolle gerätetechnische Hinweise.

(Gekürzte Dissertation, Teil 1; Friedrich-Schiller-Universität, Jena 1960.)

Literaturverzeichnis

[1] P. GÖRLICH, H. KARRAS und K. KÜHNE, Sitzungsber. Dtsch. Akad. Wiss. Berlin Nr. 2 (1959); Monatsber. Dtsch. Akad. Wiss. Berlin **1**, 228 (1959).
[2] P. GÖRLICH, H. KARRAS und R. REIMANN, Sitzungsber. Dtsch. Akad. Wiss. Berlin Nr. 3 (1960).
[3] P. GÖRLICH, H. KARRAS, A. KÖTHE und K. KÜHNE, Ber. üb. Kristallzucht, Turnov 1961, in Vorbereitung.
[4] P. GÖRLICH und H. KARRAS, Ber. internat. Halbleitertagung, Prag 1960, im Erscheinen.
[5] E. MOLLWO, Gött. Nachr., math.-nat. Kl. **1**, 79 (1934).
[6] J. H. SCHULMAN, R. J. GINTHER u. R. D. KIRK, J. Chem. Phys. **20**, 1966 (1952).
[7] A. SMAKULA, Ber. internat. Halbleitertagung, Prag 1960, im Erscheinen.
W. J. SCOULER und A. SMAKULA, Rev. Letters **5**, 286 (1960).
O. MESSNER und A. SMAKULA, Rev. Letters **5**, 286 (1960).
[8] D. C. STOCKBARGER, J. Opt. Soc. Am. **39**, 731 (1949).
[9] F. STÖBER, Zs. Kristallogr. **61**, 299 (1924); (s. auch [1] und [2]).
[10] W. BONTINCK, Physica **24**, 650 (1958).

(Eingegangen am 23. 3. 1961)

Institut für Angewandte Mathematik und Mechanik
der Deutschen Akademie der Wissenschaften zu Berlin

Anwendungsbeispiele der Prämissionsmethode auf Probleme der Reaktionskinetik in der Festkörperphysik

Von

S. OBERLÄNDER

Die vom Verfasser entwickelte *Prämissionsmethode* zur qualitativen Diskussion der Lösungsfunktionen von Systemen gewöhnlicher Differentialgleichungen wird kurz formuliert und danach auf verschiedene Beispiele für reaktionskinetische Modelle der Festkörperphysik angewandt. Die Vielseitigkeit der Methode wird durch den Nachweis von Definität, Beschränktheit und Monotonie der Lösungskurven von nichtlinearen Differentialgleichungssystemen aus der Reaktionskinetik und durch die Vorzeichenuntersuchung der Abweichung einer Näherungslösung von der exakten Lösung für das Beispiel der quasistationären Näherung demonstriert.

The premission method for the qualitative discussion of the solution functions of systems of common differential equations, as developed by the author, is briefly formulated and then applied to various examples of reaction kinetic models of the physics of solid materials. The versatility of the method is demonstrated by verifying the definiteness, boundedness and monotony of the solution curves of systems of non-linear differential equations for reaction kinetics. The sign of the deviation of an approximate solution from the exact solution can be determined. This is demonstrated for the example of the quasi-stationary approximation.

1. Einleitung

Bei der Diskussion reaktionskinetischer Modelle und auf zahlreichen anderen Gebieten besteht zuweilen das Bedürfnis, gewisse qualitative Eigenschaften der Lösungskurve eines Systems gewöhnlicher Differentialgleichungen, z. B. deren Schranken, Monotonie oder Abweichung von Näherungskurven, allgemein nachzuweisen, ohne daß die Lösungen im einzelnen bestimmt werden müssen. Dieses Bedürfnis besteht besonders dann, wenn die Lösungen nicht durch endlich viele elementare Funktionen darstellbar sind.

Die qualitative Diskussion der Lösungskurve eines Differentialgleichungssystems erforderte bisher fast immer Spezialuntersuchungen, denn direkte Methoden wie z. B. die Isoklinenmethode sind auf Systeme mit zwei Gleichungen beschränkt und außerdem meist auch nur dann anwendbar, wenn die unabhängige Variable nicht explizit in den Gleichungen auftritt. Wenn es darauf ankommt, unter einer großen Anzahl physikalischer Modelle in kurzer Zeit die für einen bestimmten Zweck geeigneten auszuwählen, sind jedoch Spezialuntersuchungen zu aufwendig.

Der Verfasser hat eine formale Methode, die sogenannte *Prämissionsmethode*, entwickelt, nach der schematisch in kurzer Zeit qualitative Aussagen über den Lösungskurvenverlauf eines beliebigen Systems gewöhnlicher Differentialgleichungen gewonnen werden können. Sie besteht in der Anwendung zweier allgemeiner Sätze über stetig differenzierbare Funktionensysteme. Diese Sätze wurden an anderer Stelle bewiesen [1]. Hier sollen sie lediglich noch einmal formuliert werden. Hauptzweck dieser Arbeit ist es, dem Physiker an Hand verschiedener Beispiele die Anwendungsmöglichkeiten der Sätze zu demonstrieren.

2. Zwei Hauptsätze

Vorbemerkung zum Verständnis der Schreibweise:

Ein System von n Funktionen einer Veränderlichen t:

$$x_1 = x_1(t)\,, \quad x_2 = x_2(t), \ldots, x_n = x_n(t)$$

wird im folgenden ein n-dimensionales *Funktionensystem* genannt und mit $\mathfrak{x}(t)$ bezeichnet.

Einem Funktionensystem wird nur dann eine Eigenschaft A auf einem Intervall I zugesprochen, wenn jede einzelne Funktion des Systems auf I die Eigenschaft A besitzt.

Ist $\mathfrak{x}(t)$ ein n-dimensionales Funktionensystem und sind p und q zwei Zahlen mit $1 \leqq p \leqq q \leqq n$, so soll das von den Funktionen

$$x_p = x_p(t),\ x_{p+1} = x_{p+1}(t), \ldots, x_{q-1} = x_{q-1}(t)\,, \quad x_q = x_q(t)$$

gebildete Funktionensystem ein Teilsystem von $\mathfrak{x}(t)$ heißen und mit $\mathfrak{x}_p^q(t)$ bezeichnet werden.

Zwischen zwei Funktionensystemen gleicher Dimension (n) sollen Gleichheits- und Ungleichheitsrelationen in folgender Weise definiert sein:

$$\mathfrak{x}(t) = \mathfrak{y}(t) \rightarrow x_i(t) = y_i(t) \text{ für jedes } i \ (i = 1, \ldots, n)\,,$$

$$\mathfrak{x}(t) \neq \mathfrak{y}(t) \rightarrow \text{es gibt ein } i \text{ mit } 1 \leqq i \leqq n, \text{ für welches } x_i(t) \neq y_i(t)\,,$$

$$\mathfrak{x}(t) \overset{K}{\neq} \mathfrak{y}(t) \rightarrow x_i(t) \neq y_i(t) \text{ für jedes } i \ (i = 1, \ldots, n)\,.$$

Entsprechend wie $\overset{K}{\neq}$ sind die Relationen $\overset{K}{<}$, $\overset{K}{>}$, $\overset{K}{\leqq}$, $\overset{K}{\geqq}$ zu verstehen. Ist es notwendig, bei einer $\overset{K}{\leqq}$-Relation zwischen Funktionensystemen darauf zu achten, wie die Zeichen $<$ und $=$ auf die einzelnen Komponenten des Systems verteilt sind, so müssen die Zeichen $<$ und $=$ in der Reihenfolge der Funktionenindizes nacheinander aufgeschrieben werden. Eine solche Zeichenreihe wird *Relationsvektor* genannt und mit $\mathfrak{r}(\leqq)$ abgekürzt. Analog ist die Symbolik $\mathfrak{r}(\geqq)$ zu verstehen.

Statt $\dfrac{dx}{dt}$ wird stets $x'(t)$ geschrieben.

Das Zeichen $\wedge$ heißt *und*.

Satz 1

Auf einem endlichen, abgeschlossenen Intervall $[t_1, t_2]$ seien zwei n-dimensionale Funktionensysteme

$$\mathfrak{x}(t) \quad \text{und} \quad \mathfrak{y}(t)$$

definiert und stetig differenzierbar. Wenn dann

$$\mathfrak{x}(t_1) \overset{K}{\leqq} \mathfrak{y}(t_1)$$

und wenn auf $[t_1, t_2]$ für jedes i ($i = 1, \ldots, n$) der Schluß

$$\boxed{x_i(t) = y_i(t) \rightarrow x_i'(t) < y_i'(t)}$$

gilt, so ist

$$\mathfrak{x}(t) \overset{K}{<} \mathfrak{y}(t)$$

für alle $t \in (t_1, t_2]$.

(Der Satz bleibt richtig, wenn alle $<$ Zeichen in $>$ Zeichen verwandelt werden.)

Satz 2

Auf einem endlichen, abgeschlossenen Intervall $[t_1, t_2]$ seien zwei n-dimensionale Funktionensysteme

$$\mathfrak{x}(t) \quad \text{und} \quad \mathfrak{y}(t)$$

definiert und stetig differenzierbar. Wenn dann

$$\mathfrak{x}(t_1) \overset{K}{<} \mathfrak{y}(t_1)$$

und wenn es eine positive ganze Zahl p mit

$$1 \leqq p < n$$

gibt, so daß auf $[t_1, t_2]$ für alle k $(k = p + 1, \ldots, n)$ der Schluß

$$\boxed{x_k(t) = y_k(t) \wedge \mathfrak{x}_1^p(t) \overset{K}{<} \mathfrak{y}_1^p(t) \rightarrow x_k'(t) < y_k'(t)}$$

und für alle j $(j = 1, \ldots, p)$ und alle Relationsvektoren $\mathfrak{r}_{p+1}^n(\leqq)$ der Schluß

$$\boxed{x_j(t) = y_j(t) \wedge \mathfrak{x}_{p+1}^n(t)\, \mathfrak{r}(\leqq)\, \mathfrak{y}_{p+1}^n(t) \rightarrow x_j'(t) < y_j'(t)}$$

gilt, so ist

$$\mathfrak{x}(t) \overset{K}{<} \mathfrak{y}(t)$$

für alle $t \in [t_1, t_2]$.

Wenn für gewisse Relationsvektoren $\mathfrak{r}_{p+1}^{*n}(\leqq)$ unmittelbar folgt:

$$\mathfrak{x}_{p+1}^n(t)\, \mathfrak{r}_{p+1}^{*n}(\leqq)\, \mathfrak{y}_{p+1}^n(t) \rightarrow \mathfrak{x}_1^p(t) \overset{K}{\neq} \mathfrak{y}_1^p(t)\,,$$

so genügt es, wenn obige Bedingung für alle $\mathfrak{r}_{p+1}^n(\leqq) \neq \mathfrak{r}_{p+1}^{*n}(\leqq)$ erfüllt ist.

(Dieser Satz bleibt richtig, wenn alle $<$ Zeichen in $>$ Zeichen verwandelt werden.)

Anmerkung zu den Sätzen:

Die ungewohnte Symbolik läßt die Sätze zunächst etwas undurchsichtig erscheinen. Bei genauerem Hinsehen wird jedoch klar werden, daß der Satz 1 sehr einfach ist. Er wurde hier nur angegeben, um das Verständnis für Satz 2 zu erleichtern. Die Anwendungen werden fast immer den Satz 2 erfordern, wobei es stets nur darauf ankommt, eine geeignete Aufteilung der Funktionensysteme in Teilsysteme vorzunehmen und dann die eingerahmten Schlüsse zu prüfen. Diese Arbeit ist sehr formal und setzt meist nur Schulmathematik voraus.

3. Anwendungen

Für verschiedene Differentialgleichungssysteme, die gewissen reaktionskinetischen Modellen entsprechen, werden im folgenden, dem Wesen der *Prämissionsmethode* entsprechend, zunächst Definität und Beschränktheit der Lösungsfunktionen bewiesen. Das mag im Hinblick auf die physikalische Bedeutung dieser Funktionen manchem überflüssig erscheinen. Daß es nicht überflüssig ist und daß man

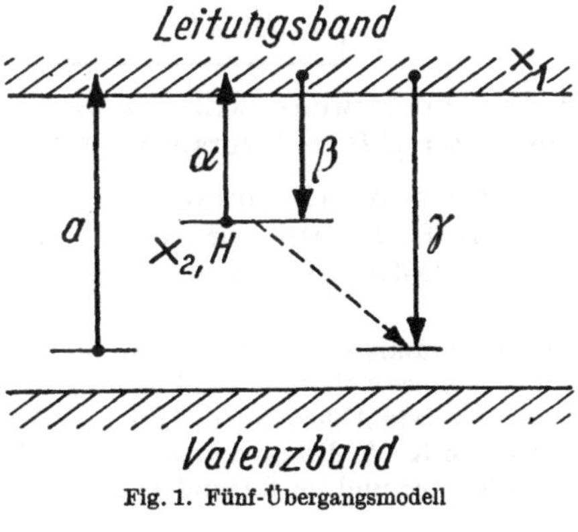

Fig. 1. Fünf-Übergangsmodell

bei gewissen Modellen z. B. auch aus der Definitätsuntersuchung nützliche Hinweise auf Parameterrelationen erhalten kann, zeigt Beispiel 1.

Erheblich größeres allgemeines Interesse verdienen Untersuchungen der Monotonie und der Vorzeichen von Fehlern bei Näherungsansätzen[1]). Hierzu sei besonders auf die Beispiele 5, 6 und 8 hingewiesen.

a) Ein Fünf-Übergangsmodell[2]), wie es in Fig. 1 skizziert ist, soll diskutiert werden. Bezeichnet man — um hier eine einheitliche Bezeichnungsweise beizubehalten — die Elektronenkonzentration im Leitungsband mit x_1, die in den Hafttermen mit x_2, so entspricht dem angegebenen Modell das Gleichungssystem

$$x_1' = a + \alpha\, x_2 - \beta\, x_1\,(H - x_2) - \gamma\, x_1\,(x_1 + x_2)\,,$$
$$x_2' = -\alpha\, x_2 + \beta\, x_1\,(H - x_2) - \delta\,(x_1 + x_2)\,,$$

oder nach Umformungen

$$x_1' = a - \beta\, H\, x_1 + \alpha\, x_2 + (\beta - \gamma)\, x_1\, x_2 - \gamma\, x_1^2\,,$$
$$x_2' = (\beta\, H - \delta)\, x_1 - (\alpha + \delta)\, x_2 - \beta\, x_1\, x_2\,.$$

1. Beispiel

Als erste qualitative Eigenschaft der Lösungsfunktionen soll ihre Definität untersucht werden. Der Definitätsnachweis ist ein wichtiges Kriterium für die Eignung eines Modelles, denn da Elektronenkonzentrationen in der Natur trivialerweise definit sind, muß das auch von den entsprechenden Lösungsfunktionen erwartet werden. Ob sie diese Erwartungen erfüllen, ist jedoch — wie sich sogleich zeigen wird — nicht trivial.

Die Lösungsfunktionen $x_1(t)$ und $x_2(t)$, die sich aus dem Gleichungssystem zu vorgegebenen Anfangswerten $x_1(t_1) > 0$ und $x_2(t_1) > 0$ ergeben, betrachtet man als Funktionensystem $\mathfrak{x}(t)$ und die zu testenden Schranken $y_1(t) \equiv 0$ und $y_2(t) \equiv 0$ als Funktionensystem $\mathfrak{y}(t)$. Dann ist zunächst

$$\mathfrak{x}(t_1) \overset{K}{>} \mathfrak{y}(t_1)\,.$$

Man wendet nun Satz 2 an, indem man $p = 1$ setzt. Zu prüfen sind die Schlüsse

$$\boxed{x_2(t) = 0 \wedge x_1(t) > 0 \rightarrow x_2'(t) = (\beta\, H - \delta)\, x_1 > 0}$$

und

$$\boxed{x_1(t) = 0 \wedge x_2(t) \geqq 0 \rightarrow x_1'(t) = a + \alpha\, x_2 > 0}\,.$$

Während der zweite Schluß wegen $a > 0$ und $\alpha > 0$ sicher richtig ist[3]), muß bei dem ersten $\beta\, H > \delta$ vorausgesetzt werden.

Ist $\beta\, H > \delta$, so ist mit obigem bewiesen, daß $\mathfrak{x}(t) \overset{K}{>} 0$ auf jedem abgeschlossenen Intervall $[t_1, t_2]$, also für alle $t > t_1$, für die $\mathfrak{x}(t)$ definiert ist. Für $\beta\, H \leqq \delta$ läßt sich die Definität mit der *Prämissionsmethode* nicht beweisen, und man kann

---

[1]) Die *Prämissionsmethode* kann auch zu derartigen Untersuchungen herangezogen werden, weil diese sich immer auf den Nachweis von Vorzeichen bzw. Schranken irgendwelcher Ausdrücke wie Ableitungen, Differenzen oder dergleichen reduzieren lassen.

[2]) Siehe K. W. Böer und J. Voigt, Z. Naturf., im Druck.

[3]) Alle hier und im folgenden auftretenden Parameter sind positiv.

zeigen, daß dann auch wirklich negative Werte auftreten können. Für reaktionskinetische Untersuchungen muß also der Gültigkeitsbereich des Modells, sofern es überhaupt verwendet wird, auf Fälle mit $\beta H > \delta$ beschränkt werden. Dann sind die Lösungsfunktionen für wachsende t auch beschränkt. Um das zu beweisen, genügt die Anwendung von Satz 1, was nachfolgend geschieht.

2. Beispiel

Es wird zunächst die Funktion $x_2(t)$ mit der Funktion $y_2(t) \equiv \max(x_2(t_1); H)$ verglichen. Dann ist

$$x_2(t_1) \leqq y_2(t_1)$$

und aus

$$\boxed{x_2(t) = y_2(t) \to x_2'(t) = -\alpha x_2 - \delta(x_1 + x_2) - \beta x_1 [\max(x_2(t_1); H) - H] < 0}$$

folgt nach Satz 1, daß $x_2(t) < y_2(t)$ in jedem Intervall $(t_1, t_2]$, also für alle $t > t_1$, für welche $x_2(t)$ definiert ist.

Nun wird z. B. das Polynom

$$P(x_1) = -\gamma x_1^2 + x_1 [x_2(\beta - \gamma) - \beta H] + \alpha x_2 + a$$

betrachtet, welches der rechten Seite der ersten Gleichung entspricht. Zu jedem x_2 gibt es ein $\bar{x}_1$, so daß $P(x_1) < 0$ für alle $x_1 > \bar{x}_1$. Das größte $\bar{x}_1$, welches sich im Intervall $0 < x_2 \leqq \max(x_2(t_1); H)$ ergibt, sei $\bar{\bar{x}}_1$ genannt. Dann kann die Funktion $x_1(t)$ mit der Funktion $y_1(t) \equiv \max(x_1(t_1); \bar{\bar{x}}_1)$ verglichen werden. Es ist

$$x_1(t_1) \leqq y_1(t_1)$$

und aus

$$\boxed{x_1(t) = y_1(t) \to x_1'(t) = P[\max(x_1(t_1); \bar{\bar{x}}_1)] < 0}$$

folgt nach Satz 1, daß $x_1(t) < y_1(t)$ für alle $t > t_1$, für welche $x_1(t)$ definiert ist.

Auch Monotonieuntersuchungen sind mit der *Prämissionsmethode* ohne weiteres möglich. Auf ihre Darstellung wird bei diesem Modell zugunsten der folgenden Modelle verzichtet.

b) Das Modell mit endlich vielen Hafttermgruppen, wie es in Fig. 2 wiedergegeben ist, liefert für wachsende t bei nichtnegativen Anfangswerten stets positiv definite und beschränkte Lösungsfunktionen. Für m Termgruppen hat das Gleichungssystem die Form

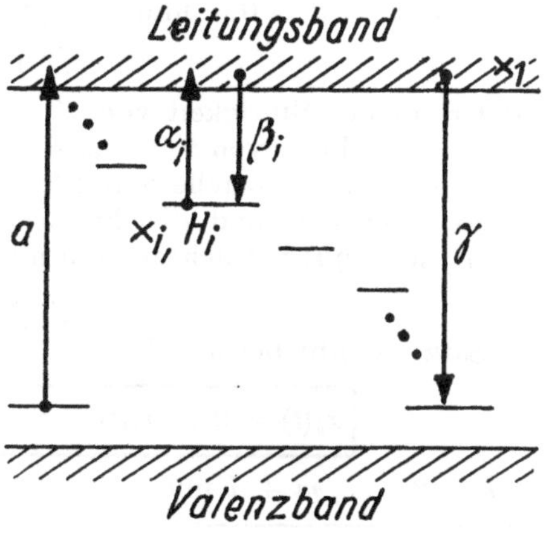

Fig. 2. Modell mit endlich vielen Hafttermgruppen

$$\left.\begin{aligned} x_1' &= a + \sum_{i=2}^{m+1} \alpha_i x_i - x_1 \sum_{i=2}^{m+1} \beta_i (H_i - x_i) - \gamma x_1 \sum_{i=1}^{m+1} x_i, \\ x_i' &= -\alpha_i x_i + x_1 \beta_i (H_i - x_i) \quad (i = 2, \ldots, m+1). \end{aligned}\right\} \quad (1)$$

3. Beispiel

Das Kernstück des Definitätsbeweises besteht bei Anwendung von Satz 2 mit $p = 1$ und $\mathfrak{y}_1^{m+1}(t) \equiv (0, \ldots, 0)$ in

$$\boxed{x_k(t) = 0 \wedge x_1(t) > 0 \to x_k'(t) = x_1 \beta_k H_k > 0}$$

für $k = 2, \ldots, m + 1$ und

$$\boxed{x_1(t) = 0 \wedge \mathfrak{x}_2^{m+1}(t) \overset{K}{\geqq} \mathfrak{y}_2^{m+1}(t) \to x_1'(t) = a + \sum_{i=2}^{m+1} \alpha_i x_i > 0}\,.$$

4. Beispiel

Der Beschränktheitsbeweis kann für jede Lösungsfunktion einzeln ganz analog wie beim Fünf-Übergangsmodell geführt werden.

5. Beispiel

Gesetzt den Fall, man hat während eines physikalischen Experimentes ausgehend von $x_i(0) = 0$ $(i = 1, \ldots, m + 1)$ einen nichtmonotonen Verlauf von $x_1(t)$ gemessen, und man hat Grund zu der Annahme, ein Hafttermmodell zur Deutung dieses Verlaufes verwenden zu dürfen. Lassen sich daraus Aussagen über gewisse Parameter des Modells ableiten?

Aus Gleichungssystem (1) — konstante Parameter vorausgesetzt — ergibt sich zunächst durch Differentiation:

$$\left.\begin{aligned} x_1'' &= \sum_{i=2}^{m+1} \alpha_i x_i' - x_1' \sum_{i=2}^{m+1} \beta_i (H_i - x_i) + x_1 \sum_{i=2}^{m+1} \beta_i x_i' - \gamma x_1' \sum_{i=1}^{m+1} x_i - \gamma x_1 \sum_{i=1}^{m+1} x_i', \\ x_i'' &= -\alpha_i x_i' + x_1' \beta_i (H_i - x_i) - x_1 \beta_i x_i' \qquad (i = 2, \ldots, m + 1)\,. \end{aligned}\right\} \qquad (2)$$

Wegen $x_i(0) = 0$ $(i = 1, \ldots, m + 1)$ folgt

$$x_1'(0) = a > 0 \quad \text{und} \quad \left.\begin{aligned} x_i'(0) &= 0\,, \\ x_i''(0) &= a \beta_i H_i > 0 \end{aligned}\right\} \; i = 2, \ldots, m + 1\,.$$

Auf Grund der Stetigkeit von x_i' $(i = 1, \ldots, m + 1)$ ist also in einer rechtsseitigen Umgebung von $t = 0$, z. B. in $(0, t_\varepsilon]$ sicher $x_i'(t) > 0$ $(i = 1, \ldots, m + 1)$.

Es werden nun anstelle von $\mathfrak{x}(t)$ die Funktionen $x_1'(t), \ldots, x_{m+1}'(t)$ als Funktionensystem $\mathfrak{x}'(t)$ und die Funktionen $y_1(t) \equiv 0, \ldots, y_{m+1}(t) \equiv 0$ als Funktionensystem $\mathfrak{y}(t)$ betrachtet. Dann ist

$$\mathfrak{x}'(t_\varepsilon) \overset{K}{>} \mathfrak{y}(t_\varepsilon)$$

und Satz 2 ergibt bei $p = 1$:

$$\boxed{x_k'(t) = 0 \wedge x_1'(t) > 0 \to x_k''(t) = x_1' \beta_k (H_k - x_k) > 0}$$

für $k = 2, \ldots, m + 1$ und

$$\boxed{x_k'(t) = 0 \wedge \mathfrak{x}_2'^{\,m+1}(t) \overset{K}{\geqq} \mathfrak{y}_2^{m+1}(t) \to x_1''(t) = \sum_{i=2}^{m+1} x_i' [\alpha_i + x_1 (\beta_i - \gamma)] > 0}\,,$$

letzteres mit Sicherheit jedoch nur dann, wenn $\beta_i \geqq \gamma$ $(i = 2, \ldots, m + 1)$ und falls bei $\mathfrak{x}_2'^{\,m+1}(t) \overset{k}{\geqq} \mathfrak{y}_2^{m+1}(t)$ nicht überall das Gleichheitszeichen steht.

Der Relationsvektor $\mathfrak{r}_2^{m+1}(=)$ bedarf also einer gesonderten Klärung. Sie ist leicht möglich, denn aus $\mathfrak{y}_2'^{m+1}(t) = \mathfrak{x}_2^{m+1}(t)$ folgt notwendig $x_1'(t) \neq 0$. Angenommen, es wäre an einer Stelle t^* etwa $\mathfrak{x}_1'^{m+1}(t^*) = \mathfrak{y}_1^{m+1}(t^*)$, so würde es zu den Anfangswerten $\mathfrak{x}_1'^{m+1}(t^*) = \mathfrak{y}_1^{m+1}(t^*)$ zwei Lösungskurven des Gleichungssystems (2) geben: die hier zu diskutierende und die triviale Null-Lösung. Wegen der Eindeutigkeit müßten diese beiden identisch sein, im Widerspruch zu $x_1'(0) = a > 0$.

Also zeigt die Prämissionsmethode, daß bei $\beta_i \geqq \gamma$ $(i = 2, \ldots, m+1)$ zu den gegebenen Anfangswerten mit Sicherheit aller Lösungsfunktionen von (1) für $t > 0$ monoton wachsen. Wurde ein nichtmonotoner Verlauf von $x_1(t)$ gemessen, so muß für wenigstens eine Hafttermgruppe $\beta_i < \gamma$ sein.

6. Beispiel

Will man die Lösungsfunktionen von (1) zu vorgegebenen Anfangs- und Parameterwerten berechnen, so bedient man sich in der Reaktionskinetik oft der sogenannten quasistationären Näherung, d. h. man löst anstelle von (1) das System

$$\left.\begin{aligned} 0 &= a + \sum_{i=2}^{m+1} \alpha_i \bar{x}_i - \bar{x}_1 \sum_{i=2}^{m+1} \beta_i (H_i - \bar{x}_i) - \gamma \bar{x}_1 \sum_{i=1}^{m+1} \bar{x}_i \\ \bar{x}_i' &= -\alpha_i \bar{x}_i + \bar{x}_1 \beta_i (H_i - \bar{x}_i) \quad (i = 2, \ldots, m+1)\,. \end{aligned}\right\} \tag{3}$$

Es sei

$$x_i(t_1) = \bar{x}_i(t_1) \qquad (i = 1, \ldots, m+1)\,,$$

sowie

$$\bar{x}_1'(t_1) > 0 \qquad \text{und} \qquad \bar{x}_i(t_1) < H_i, \qquad \beta_i \geqq \gamma \qquad (i = 2, \ldots, m+1)\,.$$

In welcher Richtung weichen die quasistationären Lösungen für $t > t_1$ von den exakten ab?

Man stellt zunächst für die Fehlerfunktionen

$$\varepsilon_i(t) = x_i(t) - \bar{x}_i(t) \qquad (i = 1, \ldots, m+1)$$

ein Differentialgleichungssystem auf. Subtrahiert man z. B. (3) von (1), so erhält man nach Umformungen:

$$\left.\begin{aligned} \varepsilon_1' &= \sum_{i=2}^{m+1} \varepsilon_i [\alpha_i + \bar{x}_1 (\beta_i - \gamma)] + \varepsilon_1 \sum_{i=2}^{m+1} [(\bar{x}_i + \varepsilon_i)(\beta_i - \gamma \varepsilon_1) - \beta_i H_i] \\ &\quad - \gamma \varepsilon_1^2 - 2\gamma \bar{x}_1 \varepsilon_1 - \bar{x}_1'\,, \\ \varepsilon_i' &= -\varepsilon_i (\alpha_i + \beta_i \bar{x}_1) + \varepsilon_1 \beta_i (H_i - \bar{x}_i - \varepsilon_i) \quad (i = 2, \ldots, m+1)\,. \end{aligned}\right\} \tag{4}$$

Auf Grund der Voraussetzungen ist

$$\left.\begin{aligned} &\varepsilon_1(t_1) = 0 && \text{und} \quad \varepsilon_i(t_1) = 0\,, \\ &\varepsilon_1'(t_1) = -\bar{x}_1'(t_1) < 0\,, && \qquad\; \varepsilon_i'(t_1) = 0\,, \\ & && \qquad\; \varepsilon_i''(t_1) = -x_1'(t_1)\,\beta_i\,(H_i - \bar{x}_i(t_1)) < 0 \end{aligned}\right\} i = 2, \ldots, m+1\,.$$

In einer rechtsseitigen Umgebung von t_1 ist also sicher $\varepsilon_1 < 0$ $(i = 1, \ldots, m+1)$. Das weitere kann wieder mit Satz 2 erledigt werden. Das Kernstück des Beweises besteht mit $p = 1$ in

$$\boxed{\varepsilon_k(t) = 0 \wedge \varepsilon_1(t) < 0 \rightarrow \varepsilon_k'(t) = \varepsilon_1 \beta_k (H_k - \bar{x}_k) < 0}$$

für $k = 2, \ldots, m+1$ und

$$\boxed{\varepsilon_1(t) = 0 \wedge \begin{pmatrix}\varepsilon_2\\ \vdots\\ \varepsilon_{m+1}\end{pmatrix} \overset{K}{\leqq} \begin{pmatrix}0\\ \vdots\\ 0\end{pmatrix} \to \varepsilon_1'(t) = \sum_{i=2}^{m+1} \varepsilon_i\,[\alpha_i + \bar{x}_1(\beta_i - \gamma)] - \bar{x}_1' < 0}$$

solange $\bar{x}_1'(t) > 0$. ($\bar{x}_1 > 0$ und $\bar{x}_k < H_k$ wird hier als bekannt vorausgesetzt.) Daraus folgt, daß alle ε_i für $t > t_1$ sicher negativ sind, solange $\bar{x}_1'(t)$ positiv bleibt.

Verläuft die quasistationäre Näherung in $x_1(t)$ monoton, so sind alle quasistationären Lösungen Majoranten der exakten Lösungen. Andernfalls sind sie es zumindest bis zum Maximum von $\bar{x}_1(t)$.

c) *Das Sieben-Übergangsmodell,* welches in Fig. 3 dargestellt ist, liefert bei nicht negativen Anfangswerten für wachsende t ebenfalls stets positiv definite und beschränkte Lösungsfunktionen. Das Gleichungssystem lautet:

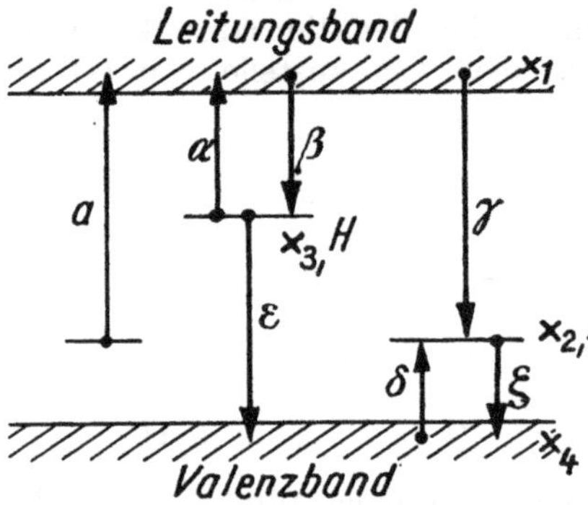

Fig. 3. Sieben-Übergangsmodell

$$\begin{aligned}
x_1' &= a + \alpha\, x_3 - \beta\, x_1\,(H - x_3) - \gamma\, x_1\, x_2\,,\\
x_2' &= a - \gamma\, x_1\, x_2 - \delta x_2 + \zeta\,(A - x_2)\, x_4\,,\\
x_3' &= \alpha\, x_3 + \beta\, x_1\,(H - x_3) + \varepsilon\, x_3\, x_4\,,\\
x_4' &= -\varepsilon\, x_3\, x_4 + \delta x_2 - \zeta\,(A - x_2)\, x_4\,,
\end{aligned}$$

oder nach Umformungen

$$\begin{aligned}
x_1' &= a - \beta H x_1 + \alpha x_3 - \gamma\, x_1 x_2 + \beta\, x_1 x_3\,,\\
x_2' &= a - \delta x_2 + \zeta A\, x_4 - \gamma\, x_1 x_2 - \zeta\, x_2 x_4\,,\\
x_3' &= \beta H\, x_1 - \alpha\, x_3 - \beta\, x_1 x_3 + \varepsilon\, x_3 x_4\,,\\
x_4' &= \delta x_2 - \zeta A\, x_4 + \zeta\, x_2 x_4 - \varepsilon\, x_3 x_4\,,
\end{aligned}$$

wobei jetzt x_1 die Elektronenkonzentration im Leitungsband, x_2 die Löcherkonzentration in den Aktivatoren, x_3 die Elektronenkonzentration in den Hafttermen und x_4 die Löcherkonzentration im Valenzband bezeichnen. (Diese Reihenfolge erweist sich für die Anwendung der Prämissionsmethode als die zweckmäßigste.)

7. Beispiel

Der Definitätsbeweis mit Satz 2 wird hier erstmalig mit $p \neq 1$ angesetzt. Sein Kernstück besteht, positive Anfangswerte vorausgesetzt, mit $p = 2$ in

$$\boxed{\begin{aligned}
x_3 = 0 \wedge \begin{pmatrix}x_1\\ x_2\end{pmatrix} \overset{K}{>} \begin{pmatrix}0\\ 0\end{pmatrix} &\to x_3' = \beta H\, x_1 > 0\,,\\
x_4 = 0 \wedge \begin{pmatrix}x_1\\ x_2\end{pmatrix} \overset{K}{>} \begin{pmatrix}0\\ 0\end{pmatrix} &\to x_4' = \delta x_2 > 0
\end{aligned}}$$

und

$$\boxed{\begin{aligned}
x_1 = 0 \wedge \begin{pmatrix}x_3\\ x_4\end{pmatrix} \overset{K}{\geqq} \begin{pmatrix}0\\ 0\end{pmatrix} &\to x_1' = a + \alpha\, x_3 > 0\,,\\
x_2 = 0 \wedge \begin{pmatrix}x_3\\ x_4\end{pmatrix} \overset{K}{\geqq} \begin{pmatrix}0\\ 0\end{pmatrix} &\to x_2' = a + \zeta A\, x_4 > 0
\end{aligned}}\,.$$

8. Beispiel

Obwohl das Sieben-Übergangsmodell schon recht komplizierter Natur ist, lassen sich auch hier ähnlich wie bei dem in Fig. 2 wiedergegebenen Modell mit der Prämissionsmethode Monotonieaussagen gewinnen. Ohne den Beweis hier noch vorzuführen, sei lediglich zusammengefaßt, was sich diesbezüglich beweisen läßt: Ist $x_1(0) = x_2(0) = x_3(0) = x_4(0) = 0$ und $\beta \geqq \gamma$ sowie $\zeta \geqq \varepsilon$, so sind alle vier Lösungsfunktionen für $t > 0$ sicher monoton wachsend, solange

$$x_2 < \frac{\zeta}{\zeta + \gamma} H \qquad \text{und} \qquad x_3 < \frac{\beta}{\beta + \varepsilon} H .$$

Schlußbemerkung

Die Kette der Anwendungsbeispiele eingangs formulierter *Prämissionsmethode* ließe sich beliebig erweitern, jedoch dürfte bereits mit den gegebenen die Nützlichkeit der *Prämissionsmethode* z. B. bei reaktionskinetischen Fragen in der Festkörperphysik hinreichend demonstriert sein. Es sei abschließend darauf aufmerksam gemacht, daß in einer vereinfachten Form bereits in [2] über die *Prämissionsmethode* berichtet wurde.

Literatur

[1] S. Oberländer, Dissertation, Humboldt-Universität Berlin, Math.-Nat. Fak. 1960 (Publikation in Vorbereitung).

[2] S. Oberländer, Abhandlungen der DAW zu Berlin, Klasse für Mathematik, Physik und Technik, 7, 256 (1960).

(Eingegangen am 23. 3. 1961)

Physikalisches Institut der Technischen Hochschule Darmstadt

Zum Aufbau dünner Kohlenwasserstoff-Polymerisat-Schichten mit verschiedener spezifischer elektrischer Leitfähigkeit

Von

H. Pagnia

Es wird über dünne Schichten berichtet, die in einer Glimmentladung in einer Benzolatmosphäre bei verschiedenen Spannungen und Trägertemperaturen hergestellt wurden. Mit dieser Methode konnten auf der Anode des Entladungsgefäßes Proben mit sehr unterschiedlichen Kohlenstoff–Wasserstoff-Zusammensetzungen und entsprechend spezifischen elektrischen Leitfähigkeiten zwischen 10^{-10} und 10^2/Ohm·cm erzeugt werden. Die Vorstellungen über den Aufbau der Schichten werden gestützt durch Beobachtungen über Veränderungen des UR-Spektrums und eine unterschiedliche Temperaturbeständigkeit. Außerdem werden die zur Bildung einer bestimmten Schichtmasse notwendige Energie und die Veränderung der spezifischen elektrischen Leitfähigkeit während der Schichtbildung untersucht.

This is a report on thin layers which were produced in a glow discharge in a benzene atmosphere at various voltages and substrate temperatures. Samples with widely varying carbon-hydrogen composition and conductivities between 10^{-10} and 10^2 /Ohm · cm could be produced on the anode of the discharge vessel. A theoretical model of the layers is in agreement with work on the infra-red spectrum and thermal stability. The energy required for the formation of a layer of given mass and the variation of the conductivity during the growth are also studied.

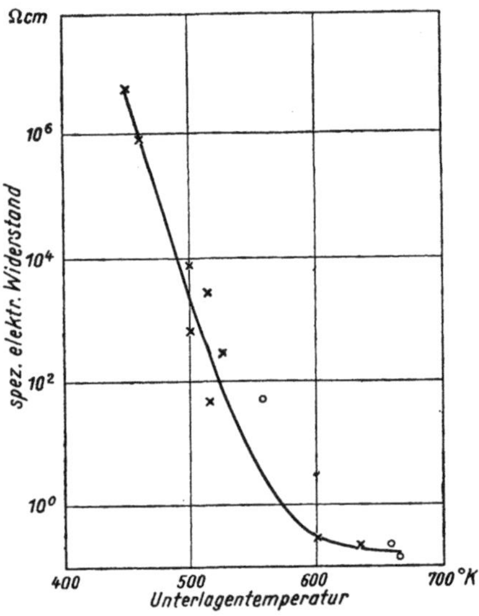

Fig. 1. Spezifischer elektrischer Widerstand von Benzolpolymerisatschichten, die bei einer Spannung von 4 kV auf verschieden heißer Unterlage hergestellt wurden. Als Kreuze eingetragen sind die aus dem zeitlichen Anstieg des Leitwertes (s. Fig. 4) und einer mittleren Aufwachsrate von 4 Å/sec berechneten Werte. Die anderen Werte wurden aus Widerstands- und Dickenmessungen gewonnen

In einer Glimmentladung, die in einer Kohlenwasserstoffatmosphäre brennt, bilden sich auf allen Flächen, die von Elektronen oder Ionen getroffen werden, feste Schichten aus einem Kohlenwasserstoffpolymerisat [1]. Es gilt heute als sicher, daß die zur Schichtbildung notwendigen Molekülbruchstücke vorwiegend auf diesen Flächen entstehen [2, 3] und nur in geringem Maß im Gasraum.

Die Kohlenstoff–Wasserstoff-Zusammensetzung und damit der kristalline Aufbau dieser Schichten hängt in sehr starkem Maße von der Spannung dieser Glimmentladung und der Temperatur des Auffängers ab. Entsprechend unterscheiden sich auch die elektrischen Eigenschaften der Polymerisatschichten erheblich, wenn sie bei verschiedenen Spannungen und Temperaturen hergestellt werden. Auf der Anode des Entladungsgefäßes (in einer Benzolatmosphäre [1]) gebildete Schichten hatten zum Beispiel spezifische elektrische Leitfähigkeiten von 10^{-10}

bis 10^{-1}/Ohm · cm (bei 1 bzw. 9 kV Spannung), wenn die Unterlage bei ihrer Entstehung gekühlt wurde, und erreichten bei Proben, die auf geheizter Unterlage (ein Beispiel gibt Fig. 1) hergestellt wurden etwa 10^{+2}/Ohm·cm — das ist etwa der gleiche Wert, den man bei Kohlendampfschichten nach dem BRADLEY-Verfahren [4] bei einer Kondensationstemperatur von etwa 800 °K erhält. Demnach dürften Benzolpolymerisatschichten, die bei hohen Spannungen und auf geheizten Trägern hergestellt wurden, im wesentlichen nur noch aus Kohlenstoff bestehen.

Diese Vorstellung wird durch weitere Beobachtungen gestützt: Bei höheren Spannungen (4 bis 9 kV) hergestellte Polymerisate verhielten sich auch in ihrer optischen Absorption genau so wie Kohleaufdampfschichten, die Absorptionskonstante sinkt von großen Werten (etwa 10^5/cm) bei 0,6 μ zunächst stark (Absorptionskante) dann schwächer monoton ab (die Meßgrenze des UR-Spektrographen lag bei 15 μ [1]). Es waren also alle Kohlenwasserstoffbanden verschwunden, die bei Polymerisaten kleiner Herstellungsspannung auftreten [5].

Außerdem wurden die Polymerisatschichten mit wachsender Herstellungsspannung beständiger gegen Tempern im Vakuum (Fig. 2), ähnlich wie das bei durch Elektronenbeschuß verkohlten organischen Folien der Fall ist [6]. Dieses Verhalten läßt sich nur durch den verschiedenen Aufbau der Schichten erklären: Bei niedrigen Spannungen hergestellte Proben enthalten relativ viel Wasserstoff [1]; daraus resultiert eine geringe Leitfähigkeit, das Auftreten von Kohlenwasserstoffbanden im UR-Spektrum [5] und eine geringe Temperaturbeständigkeit (Wasserstoff und Kohlenwasserstoffverbindungen können beim Tempern im Vakuum ausgetrieben werden [1]). Bei hohen Spannungen und erhöhter Temperatur hergestellte Polymerisate bestehen überwiegend aus Kohlenstoff, haben daher eine relativ große Leitfähigkeit, zeigen im UR-Spektrum nur noch eine monoton abfallende Absorptionskurve ohne Kohlenwasserstoffbanden und werden beim Tempern wesentlich schwächer abgebaut.

Zur Bildung der so unterschiedlich aufgebauten Schichten werden auch sehr verschiedene Energien (pro Schichtmasse) benötigt. Diese nimmt bei konstanter Stromdichte und festem Elektrodenabstand stark mit der zur Herstellung der Proben benutzten Spannung zu (Fig. 3). Bei diesen Bedingungen muß mit wachsender Spannung der Druck im Entladungsraum erniedrigt werden. Da der Druck in dem angegebenen Bereich aber um weniger als eine Zehnerpotenz variiert wurde und damit auch die Zahl der in der Zeiteinheit aus dem Gasraum auf die Anode auftreffenden Benzolmoleküle, erklärt ihre Konzentrationsänderung nicht die starke Massenänderung. Das ist verständlich, denn im Druckbereich von 10^{-1} bis 10^{-2} Torr ist der Molekülvorrat größer als zur Schichtbildung benötigt. Eine 4 kV-20 mA-Schicht entsteht zum Beispiel bei einem Druck von etwa $5 \cdot 10^{-2}$ Torr; dann treffen ungefähr 10^{19} Moleküle/cm²·sec im Adsorptionsgleichgewicht auf die Wände (und die Anode) des Vakuumgefäßes. Für die gebildete Schicht werden aber nur $3 \cdot 10^{15}$ Kohlenstoffatome/cm²·sec benötigt, wie eine Abschätzung aus der gemessenen Aufwachsrate zeigt. Die Energie der auftreffenden Elektronen und Ionen wird vielmehr dazu verwandt, die adsorbierten Benzolmoleküle verschieden stark aufzuspalten. In einer 1 kV-Schicht befinden sich nämlich neben anderen Kohlenwasserstoff-Abbauprodukten noch ganze Benzolringe [5], während eine 8 kV-Schicht praktisch nur noch aus Kohlenstoff besteht.

---

[1]) Herrn Prof. Dr. K. H. HELLWEGE möchte ich für die Bereitstellung des Spektrographen und Herrn Dipl. Phys. G. LAMPE für seine Hilfe bei den Messungen an diesem Gerät besonders danken.

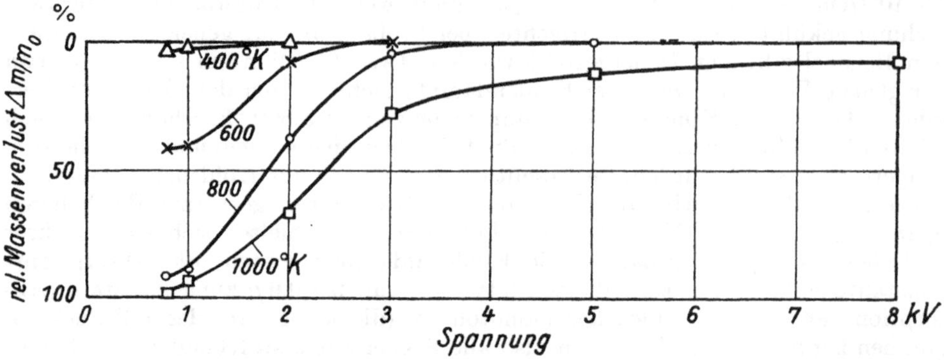

Fig. 2. Relativer Massenverlust von Benzolpolymerisatschichten, die bei verschiedenen Spannungen hergestellt wurden, beim Tempern im Vakuum. Die Schichten wurden jeweils (bei etwa 10^{-5} Torr) auf die Endtemperatur gebracht, dort zehn Minuten gelassen und dann abgekühlt. Die Wägung erfolgte an Luft mit einer Mikrowaage (SARTORIUS) auf $\pm 1 \cdot 10^{-6}$ g genau (bei einer Gesamtmasse von 1 bis $5 \cdot 10^{-4}$ g)

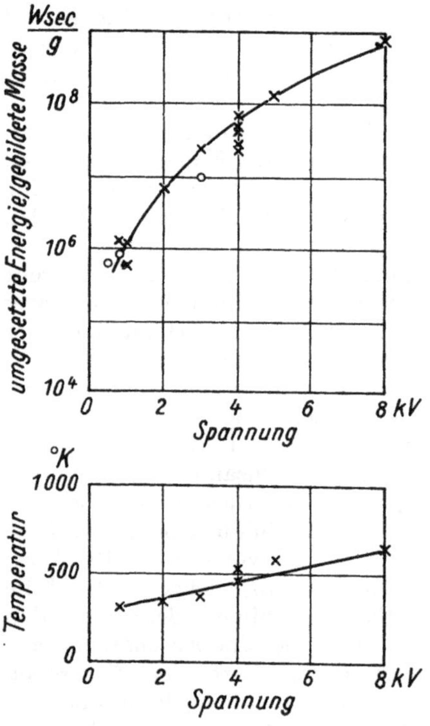

Fig. 3

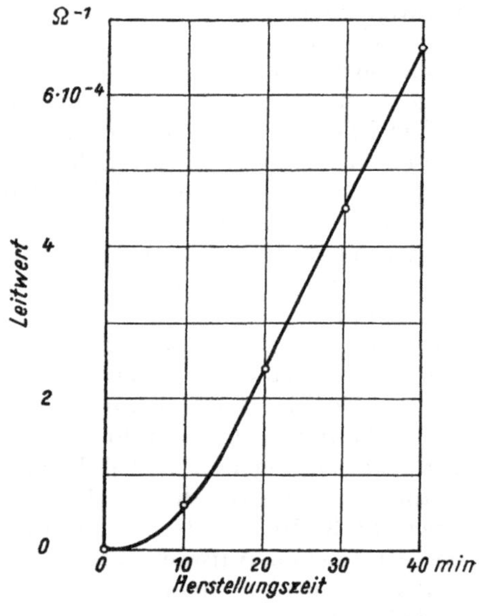

Fig. 4

Fig. 3. Die zur Bildung von 1 g Benzolpolymerisat bei konstanter Stromdichte aber verschiedener Spannung benötigte Energie. Als Kreise sind Meßwerte von BROCKES und KÖNIG [5] eingetragen. Darunter: Die sich jeweils einstellende Temperatur des Trägers

Fig. 4. Änderung des Leitwertes beim Schichtwachstum einer 4 kV-20 mA-Benzolpolymerisatschicht, Temperatur der Unterlage geregelt auf 635 °K ± 3%

Da trotz einer Kühlung der Unterlage nicht vermieden werden konnte, daß sich die Schichten bei der Herstellung erwärmten (unteres Teilbild der Fig. 3), war auch mit einem Temperatureinfluß auf die Schichtbildung zu rechnen. Dieser scheint jedoch in dem benutzten Temperaturbereich nicht stark zu sein, wie Kontrollmessungen zeigten, die bei kleinen Spannungen, aber zusätzlicher Heizung der Unterlage ausgeführt wurden, um die gleiche Temperatur wie bei höheren Spannungen zu erreichen. Dabei ergab sich zwar eine Streuung der Meßwerte, es konnte aber keine eindeutige Abhängigkeit der erforderlichen Energie von der Temperatur festgestellt werden.

Auf Grund der Vorstellungen, die man vom Bildungsmechanismus der Polymerisatschichten hat, ist es wahrscheinlich, daß die spezifische elektrische Leitfähigkeit in Richtung der Schichtnormalen nicht konstant ist. Die adsorbierten Benzolmoleküle werden aufgespalten, über die frei gewordenen Valenzen entstehen weitere Kohlenstoff-Kohlenstoff-Bindungen (Vernetzung) und damit eine Polymerisatschicht. Dieser Prozeß geht auch in der bereits entstandenen Schicht weiter, es können sich neue Kohlenstoffbrücken bilden und damit ändert sich zum Beispiel auch die spezifische elektrische Leitfähigkeit während des Schichtwachstums. Bei der Messung bei einer 4 kV-Schicht (Fig. 4) ergab sich erst von einer Schichtdicke von etwa 2000 Å (die Aufwachsrate betrug 4 Å/sec) an ein konstanter Wert, bzw. in der Abbildung eine konstante Steigung des Leitwertes. Da die Versuchsbedingungen (Elektrodenabstand, Druck im Entladungsgefäß, Spannung, Stromdichte und Temperatur) festgehalten wurden und die Schichtmasse proportional zur Zeit zunahm, kann man annehmen, daß die spezifische elektrische Leitfähigkeit erst dann konstant wird, wenn die Schichtdicke größer als die Eindringtiefe der Geschosse (Elektronen und Ionen) wird, welche die weitere Verkohlung der Schicht verursachen. Demnach müßte die spezifische elektrische Leitfähigkeit danach angrenzend an den Träger konstant sein und im Bereich der Eindringtiefe in Richtung der Schichtnormalen nach oben hin abnehmen. Es gibt aber sicher einen kontinuierlichen Übergang zu Versuchsbedingungen, bei denen — bei wesentlich höherer Stromdichte oder Temperatur (Übergang zu den pyrolytischen Kohleschichten) — bereits zu Beginn ein reines Kohlenstoffgitter aufgebaut wird und demnach ein solches Anlaufgebiet der spezifischen elektrischen Leitfähigkeit nicht mehr auftritt.

Diese Arbeit wurde im Rahmen einer ausführlicheren Untersuchung über elektrische Eigenschaften verschiedener „Kohle"-Schichten ausgeführt, zu deren Anregung und fördernder Unterstützung ich den Herren Prof. Dr. H. König und Prof. Dr. F. Stöckmann (jetzt Karlsruhe) auch an dieser Stelle herzlich danken möchte.

Literatur

[1] H. König und G. Helwig, Z. Phys. **129**, 491 (1951).
[2] A. Heisen, Ann. Phys. **2**, 23 (1958).
[3] R. Haefer, Acta Phys. Austriaca **9**, 1 (1954).
[4] D. E. Bradley, Brit. J. Appl. Phys. **5**, 65 (1954).
[5] A. Brockes und H. König, Z. Phys. **152**, 75 (1958).
[6] A. Brockes, Z. Phys. **149**, 353 (1957).

(Eingegangen am 25. 3. 1961)

Zur kurzen Originalmitteilung von H. J. GÜLZOW

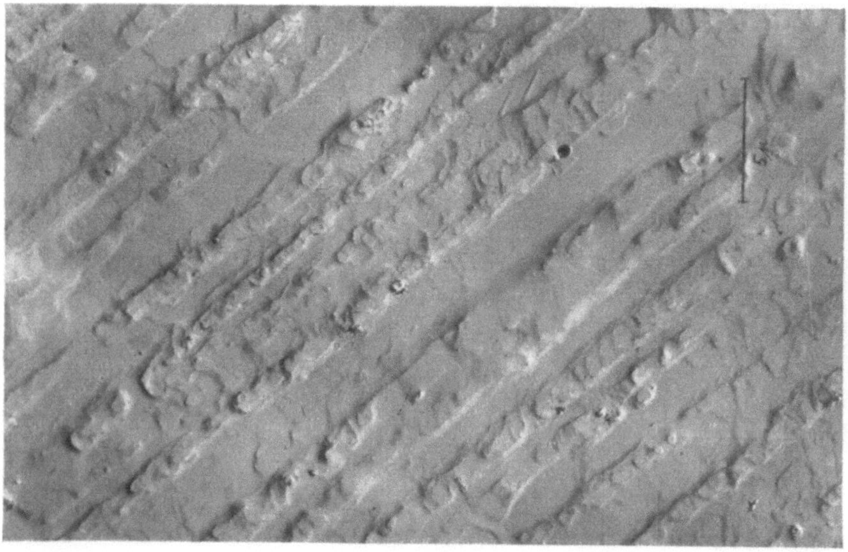

Fig. 2. Mit Thorium schräg bedampfter Kohleabdruck einer polierten und bei 200° C getemperten Steinsalzoberfläche (Vergr. 4900fach)

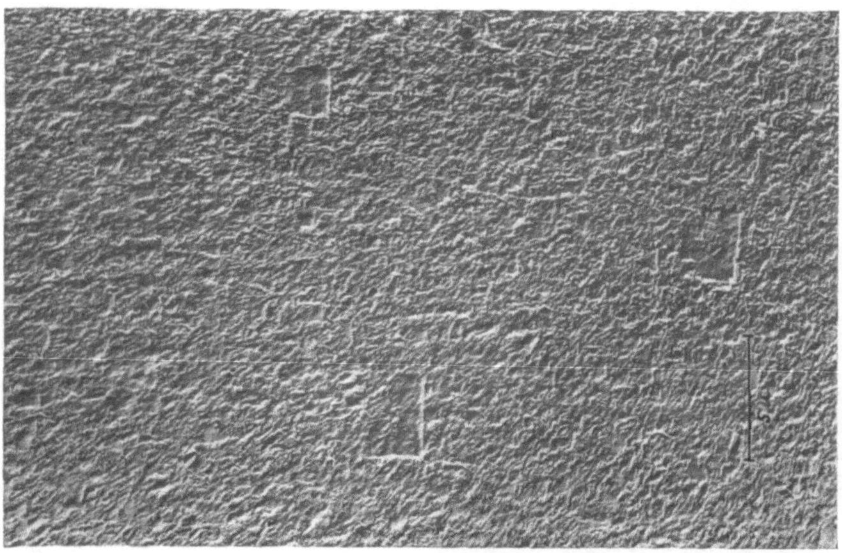

Fig. 1. Mit Thorium schräg bedampfter Kohleabdruck einer polierten Steinsalzoberfläche (Vergr. 4900fach)

Zur kurzen Originalmitteilung von H. J. GÜLZOW

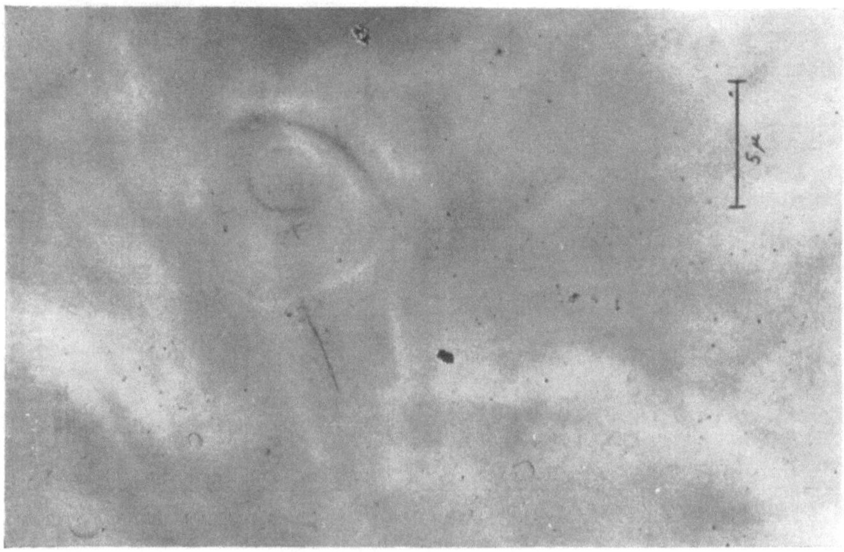

Fig. 3. Mit Thorium schräg bedampfter Kohleabdruck einer polierten und bei 400 °C getemperten Steinsalzoberfläche (Vergr. 4900fach)

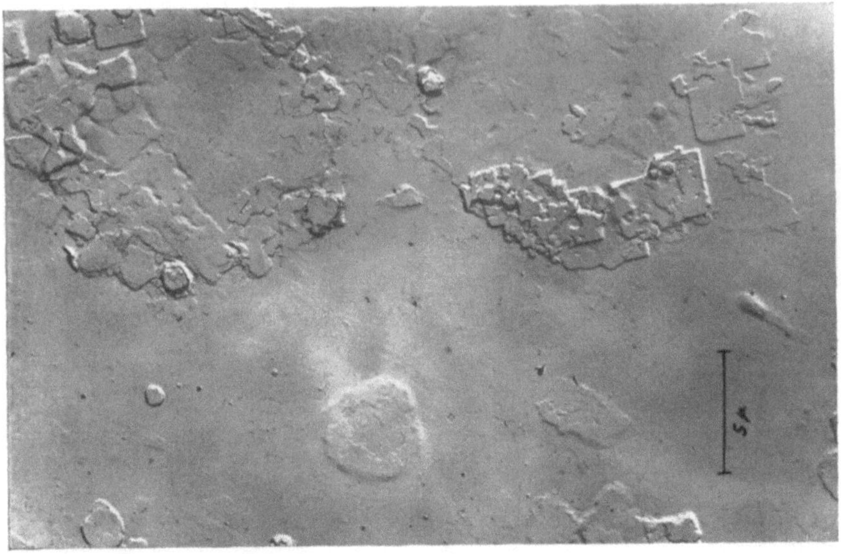

Fig. 4. Mit Thorium schräg bedampfter Kohleabdruck einer polierten und bei 400° C im Vakuum getemperten Oberfläche (Vergr. 4500fach)

Kurze Originalmitteilungen

Optische Werke Jena

Verformungsprozesse auf polierten Oberflächen von NaCl-Kristallen bei höheren Temperaturen

Von

Hansjürgen GÜLZOW

Wichtige Erkenntnisse über den Feinbau polierter Einkristallflächen brachten die in den 40iger Jahren von RAETHER (1) an Metall- und Ionenkristallen durchgeführten elektronenmikroskopischen Untersuchungen. Es stellte sich heraus, daß die durch den Schleif- und Polierprozeß resultierende Störung des Kristalls ständig zur Oberfläche hin ansteigt. Während oberflächennahe Schichten der Metalle fast amorphe Zustände annehmen können, erreicht der Störungsgrad der Ionenkristalle nicht so hohe Werte.

Bei Betrachtung der Figur 1, die den Abdruck einer polierten (100)-Steinsalzoberfläche bei 4900facher Vergrößerung wiedergibt, fällt die für polierte Ionenkristalle charakteristische Oberflächenstruktur auf. Sobald die polierten Kristalle höheren Temperaturen ausgesetzt werden, verändert sich das Oberflächenbild in der Weise, daß mit zunehmender Temperatur die Rauhigkeit der Fläche ständig abnimmt. Nach 4 stündiger Temperung bei 200°C verschwinden bereits feinere Störungen (Fig. 2), während dagegen gröbere Schleifkratzer und Vertiefungen zurückbleiben, wenn auch bereits ihre Kanten stark verrundet sind. Weitere Temperaturerhöhung auf ungefähr 400°C ergibt schließlich eine verhältnismäßig glatte Oberfläche (Fig. 3), die sehr vom Zustand der in Fig. 1 wiedergegebenen Probe abweicht.

RAETHER (1) sprach die Vermutung aus, daß dieser Effekt eine Folge bevorzugter Bedampfung von Bausteinen des Gitters an den sehr zahlreich vorhandenen Ecken und Kanten des polierten Kristalls sein könnte. Es ist jedoch zu berücksichtigen, daß unter normalen Druckverhältnissen und Temperaturen von 200° bis 400°C die Verdampfung nur sehr gering ist. Eine Verdampfung unter angenäherten Gleichgewichtsbedingungen müßte stufenartige Abtragungsfiguren hinterlassen, wie sie z.B. von

BETHGE (2) im Vakuum bei 600°C beobachtet wurden.

Die Auswirkungen der Verdampfung an einer Steinsalzoberfläche bei 400°C und einem Druck von $5:10^{-4}$ mm Hg zeigt die Fig. 4 . Hier sind ebenso, wie in Fig. 3 durch den Temperatureinfluß alle Unregelmäßigkeiten weitgehend verschwunden. Die Verdampfung konnte bei dieser Temperatur nur an einigen energetisch bevorzugten Stellen des Kristalls stärker wirksam werden; als Folge der regelmäßigen Abtragung entstanden durch (100) - und (110)- Stufen begrenzte Vertiefungen.

Da die Verdampfung nicht die entscheidende Rolle spielt, scheinen nach unseren Vorstellungen vielmehr die besonderen plastischen Eigenschaften der Oberfläche die Ursache der Einebnung zu sein.

Die Plastizität eines Kristalls steht in unmittelbarem Zusammenhang mit den Wanderungsmöglichkeiten von Versetzungen im Kristall (3). Durch den der Temperung vorausgegangenen Polierprozeß wird allerdings an der Steinsalzoberfläche diese Beweglichkeit stark eingeschränkt, da infolge der Gleitmöglichkeiten des kubischflächenzentrierten Gitters eine große Zahl der entstandenen Versetzungen als Lomerbarrieren wirksam werden können (4). Es entstehen außerdem während der mechanischen Bearbeitung zahlreiche Korngrenzen, die ebenfalls zur Verfestigung der Oberflächenschichten beitragen. Trotz der zu erwartenden hohen Verfestigung konnte RAETHER (1) mit Hilfe von Elektronenstrahlen, die in die Oberfläche nur sehr wenig eindringen, bei 300° bis 400°C den Beginn einer Umwandlung von gestörter zur einkristallinen Schicht feststellen. Durch Messung der Halbwertsbreite von Röntgenstrahlreflexen verfolgten dagegen ASSELMEYER und BIENERT (5) den integralen Störungsgrad der Oberfläche bis zu einer Tiefe von 6 bis 18μ.

Im Gegensatz zu den Untersuchungen durch Elektronenstrahlinterferenzen waren merkliche Veränderungen erst bei 750°C zu beobachten, so daß die hohe Beweglichkeit blockierter Versetzungen auf oberste Schichten beschränkt zu bleiben scheint. Diese Feststellung steht im Einklang mit den Ergebnissen von WASHBURN (6) GILMAN (7) und MEYER (8), die eine hohe Beweglichkeit von Versetzungen unter dem Einfluß erhöhter Temperaturen in Spaltflächen von Kristallen experimentell nachweisen konnten.

Die während der mechanischen Bearbeitung des NaCL-Kristalls zahlreich entstandenen Versetzungen werden im einfachsten Fall von der Oberfläche kommend auf nächstliegende Barrieren stoßen und hier aufgestapelt. Durch thermische Aktivierung können sie ihr Spannungsfeld abbauen, indem sie zur Oberfläche zurückwandern. Vielfach werden während des Gleitens enstandene Lomerbarrieren eine rückläufige Bewegung zur Oberfläche zunächst verhindern. Die Versetzungen sind jedoch bei erhöhten Temperaturen durch den von WEERTMAN (9) vorgeschlagenen Mechanismus in der Lage, Barrieren zu überklettern und, falls sie nicht erneut auf Hindernisse stoßen, bis zur Oberfläche durchzudringen.

Durch die hohe Versetzungsdichte und die Vorstellungen über ihren Bewegungsverlauf ist eine starke Plastizität an der Oberfläche zu erwarten. Diese befähigt sie, einen Zustand minimaler Oberflächenenergie zu erreichen. Allerdings nimmt die Plastizität mit zunehmender Tiefe stark ab, da die Versetzungen immer häufiger auf Hindernisse stoßen, die ihre Beweglichkeit sehr einschränken.

Herrn Prof. Dr. Dr. h.c. P. GÖRLICH, Herrn Dipl.Phys. H. POHLACK und Herrn Dr. W. LÜDKE danke ich für wertvolle Anregungen und die ständige Förderung dieser Arbeit.

Die Aufnahmen entstanden im Laboratorium für Elektronenmikroskopie der Optischen Werke Jena. Ausgeführt wurden sie von Herrn Dipl.Phys. H. MÜLLER, während Herr Ing. R. REIMANN mich bei den Temperversuchen unterstützte. Ihnen gilt ebenfalls mein besonderer Dank.

Literatur

(1) H. RAETHER, Optik 1, 296 (1946).

(2) H. BETHGE und V. SCHMIDT, Z.Naturforschung 14a, 307 (1959).

(3) A. COTTRELL, Dislocations and Plastic Flow in Crystals, Clarendon Press, Oxford 1953.

(4) W.M. LOMER, Phil.Mag. 42, 1327 (1951).

(5) F. ASSELMEYER und W. BIENERT, Z.Naturforschung 22, 16 (1960).

(6) J. WASHBURN, Transactions, American Institut of Mining and Metallurgical Engineers 206, 189 (1956).

(7) J.J. GILMAN, J. Appl. Phys. 30, 1584 (1959).

(8) K. MEYER, Die Untersuchung der submikroskopischen Verfor-

mung bei der mechanischen Bearbeitung von Festkörperoberflächen, Diss. 1960, DAdW Berlin.
(9) J.WEERTMAN, J. Appl. Phys. 26, 1213 (1955).

(Eingegangen am 17.3.1961)

Theoretische Abteilung des Instituts für angewandte Physik der Universität Hamburg

Unbeobachtbarkeit der Stark-Leitern bei der Zener-Emission

Von
Walter FRANZ

Kürzlich wurde (1) die Feinstruktur einer beobachteten p-n-Charakteristik auf die Stark-Niveaus zurückgeführt, in welche sich die Bloch-Energien im elektrischen Feld aufspalten (2). Daß im homogenen Material diese Aufspaltung nicht beobachtbar ist, folgt daraus, daß die Stufenfolge höchstens (bei völlig symmetrischer Feldrichtung) einen Abstand $\delta E = eFa$ aufweist, wo F die Feldstärke und a die Gitterkonstante ist. Um die Energie mit einer Genauigkeit δE festzulegen, muß aber die Lebensdauer τ eines Zustands größer sein als $h/\delta E = h/(eFa)$, und dies ist gerade die Zeit, welche das Elektron benötigt, um vom elektrischen Feld durch das gesamte Energieband beschleunigt zu werden. Da bei der Zener-Emission jeweils ein unbesetztes (Leitungs-) Band beteiligt ist, bedeutet dies nichts anderes, als daß die Stark-Leitern nur beobachtbar wären, wenn das Elektron mit merklicher Wahrscheinlichkeit das gesamte Leitungsband durchqueren kann, ohne einen Stoß zu erleiden. Dies bedeutet aber, daß das Elektron ohne Mühe bis zur Stoßionisationsenergie hochbeschleunigt werden kann, daß also die typischen Bedingungen für einen Stoßionisationsdurchschlag des Materials vorhanden sind, somit die Zener-Emission nicht beobachtbar ist. - Beim p-n-Übergang liegen die Verhältnisse weniger übersichtlich; doch läßt sich leicht einsehen, daß dort umso weniger die Möglichkeit besteht, Stark-Leitern zu beobachten. Die Stark-Niveaus entstehen nämlich unter der Möglichkeit, daß das Elektron mehrmals quer durch sein Energieband beschleunigt werden kann, ohne einen Stoß zu erleiden. Beim p-n-Übergang werden die Elektronen aber durch das verbotene Band ins Leitungsband befördert, treten dort in ein Gebiet kleiner Feldstärke ein und bleiben im Leitungsband, ohne dessen oberen Rand zu erreichen.

Die Verhältnisse werden besonders klar, wenn man die Zener-Emissions-Wahrscheinlichkeit nach der Houstonschen Theorie berechnet. Wenn zur Zeit t = 0 das Valenz-Band voll besetzt ist, so ergibt sich die Amplitude für einen Zustand im Leitungsband zu (3)

$$a_\ell(\underline{k},t) = \int_0^t dt'\, M(\underline{K}(t')) \cdot \exp\left\{\frac{i}{\hbar}\int^{t'} [E_\ell(\underline{K}(\tau)) - E_v(\underline{K}(\tau))]\, d\tau\right\}. \quad (1)$$

Das Matrix-Element M ist dabei im reziproken Gitter periodisch. Nun rechnet man normalerweise die Amplitude bei der Theorie der Zener-Emission nur für einen Vorbeigang an der Stelle der schmalsten Energien aus, weil wegen der hohen Stoßwahrscheinlichkeit im Leitungsband (welche Voraussetzung für die Beobachtbarkeit der Zener-Emission ist) die Elektronenwelle nicht ohne Stoß die gesamte Brillouin-Zone durchqueren kann. Man könnte sich aber einen idealisierten Fall ausdenken, in welchem die Berücksichtigung mehrerer kohärenter Durchgänge durch den Grundbereich des reziproken Gitters sinnvoll wäre: dazu müßte das Leitungsband schmäler sein als die verbotene Zone und die Stoßwahrscheinlichkeit im Leitungsband sowie die Übergangswahrscheinlichkeit in noch höhere Bänder sehr klein. Die Lebensdauer des Zustandes im Leitungsband sei $\tau \gg h/(eFa)$, die Lebensdauer des Valenzbandes praktisch unbegrenzt. Dadurch wird die Energiedifferenz zwischen Valenz- und Leitungsband unbestimmt um einen Betrag $\hbar\omega$, dessen Spektrum durch die Gewichtsfunktion $\frac{1}{\pi}\tau/(1+\omega^2\tau^2)d\omega$ gegeben ist. Wir denken uns nun, um den Idealfall der Stark-Leitern zu erhalten, das Feld in einer Hauptsymmetrierichtung des Gitters angelegt und behandeln das Problem eindimensional. Führt man im Exponenten statt τ die Wellenzahl K als Variable ein, dann ergibt sich die Amplitude a_N nach N-maligem Durchgang durch die Stelle minimaler Bandlücke zu

$$a_N = a_1\left(1 + \sum_{\nu=1}^{N-1} \exp\left\{\frac{i\nu}{eF}\int_0^{2\pi/a} [E_\ell(K) - E_v(K)]\, dK\right\}\right) \quad (2)$$

Die Übergangswahrscheinlichkeit pro Durchgang ist dann gegeben durch

$$D = \frac{1}{\pi} \int_{-\infty}^{+\infty} d\omega \, \frac{\tau}{1+\omega^2\tau^2} \lim_{N\to\infty} \frac{1}{N} |a_N|^2 . \tag{3}$$

Führt man die Integration nach der Residuen-Methode aus, so folgt

$$D = |a_1|^2 \lim_{N\to\infty} \frac{1}{N} \left(N + 2 \sum_{\nu=1}^{N-1} (N-\nu) \cos\left[\frac{\nu}{eF} \int_0^{2\pi/a} (E_\ell - E_v)\, dK\right] \exp\left[-\frac{\hbar}{eFa\tau}\right]\right).$$

Im Limes $N\to\infty$ ergibt sich daraus

$$D = D_1 \frac{1 - \exp\left(-\frac{2\hbar}{eFa\tau}\right)}{1 - 2\exp\left(-\frac{\hbar}{eFa\tau}\right) \operatorname{Cos} \int_0^{2\pi/a} \frac{E_\ell - E_v}{eF}\, dK + \exp\left(-\frac{2\hbar}{eFa\tau}\right)} \tag{4}$$

Diese wäre also die ideale Intensitätsverteilung der Stark-Leiter. Die Extrema der Verteilung sind die folgenden:

$$\left.\begin{aligned} D_{Max} &= D_1 \operatorname{Cot} \frac{\hbar}{2eFa\tau} \\ D_{Min} &= D_1 \operatorname{Tan} \frac{\hbar}{2eFa\tau} \end{aligned}\right\} \text{ für } \int_0^{2\pi/a} \frac{E_\ell - E_v}{eF}\, dK = \begin{cases} 2n\pi \\ (2n+1)\pi \end{cases} \tag{5}$$

Die Maxima liegen bei den Feldern, bei welchen die Stark-Niveaus des Valenzbandes mit denen des Leitungsbandes zusammenfallen. Unsere Herleitung zeigt sehr deutlich, daß das Auftreten dieser Extrema den mehrmaligen Durchgang der Elektronen durch die Elementarzelle des reziproken Gitters ohne Stoß zur Voraussetzung hat. Da bei der Durchtunnelung einer p-n-Schicht ein solcher Durchgang nicht stattfindet, kann dabei eine Art von Stark-Leiter höchstens durch Interferenz der an den Rändern der p-n-Sicht reflektierten Elektronenwellen entstehen.

Literatur

(1) A.G. CHYNOWETH, G.H. WANNIER, R.A. LOGAN und D.E.THOMAS Phys.Rev.Letters 5, 57 (1960).

(2) E.N. ADAMS, Phys.Rev.Letters 107, 698 (1957).

(3) Handb.d.Phys., XVII, Springer 1956, S. 210, Gleichung (29.7.)

(Eingegangen am 9.6.1961)

Physikalisch-Technisches Institut der Deutschen Akademie der Wissenschaften zu Berlin und IV. Physikalischen Institut der Humboldt-Universität zu Berlin

Über den Einfluß einer Röntgenbestrahlung auf die spektrale Verteilung der Photoleitung von CdS-Einkristallen

Von

E.H. WEBER und B. WOJTOWICZ [1]

Bei der Untersuchung der spektralen Verteilung des Photostromes von CdS-Einkristallen bei Zimmertemperatur stellten BÖER und GUTJAHR (1,2) Maxima des Photostromes bei 500 mμ und bei Wellenlängen größer als 510 mμ fest, wobei sie das zweite Maximum als durch Störterme verursacht annahmen (siehe auch (3)). Zum Zweck der Untersuchung des Einflusses einer definierten Änderung im Störtermspektrum auf die spektrale Verteilung des Photostromes wurde diese vor und nach einem Beschuß mit Röntgenstrahlen aufgenommen. In beiden Arbeiten wurde jedoch ein unterschiedlicher Einfluß der Röntgenbestrahlung auf das Verhalten des langwelligen Maximums gefunden.

Zur Klärung dieses Tatbestandes wurden weitere Messungen der spektralen Verteilung des Photostromes an nicht bewußt dotierten, mit aufgedampften Indiumkontakten versehenen CdS-Spaltzellen durchgeführt. Um den Einfluß der umgebenden Gasatmosphäre (der durch Ionisierung durch Röntgenbestrahlung besonders stark sein kann) auf die spektrale Verteilung des Photostromes weitgehend auszuschalten, wurden die Untersuchungen im Hochvakuum ($5 \cdot 10^{-7}$ Torr $< p < 2 \cdot 10^{-6}$ Torr) durchgeführt (siehe (4)).

In Fig. 1 ist in Kurve a der Photostrom eines bei Zimmertemperatur gemessenen Kristalles über der Wellenlänge bei senkrecht zur c-Achse des Kristalles polarisiertem Licht aufgetragen. Man sieht, daß im Ausläufergebiet ein ausgeprägtes Maximum des Photostromes bei 514 mμ auftritt. Der Kristall

[1] Aus dem Inst. f. Experimentalphysik der Universität Warschau

wurde dann eine Stunde lang bei Zimmertemperatur harter Röntgenstrahlung (Abstand des Kristalls von der W-Antikathode 27 cm, ungefilterte Strahlung, siehe auch Bildunterschriften der Figuren) ausgesetzt, jedoch wurde jeweils nach 20 Minuten die Bestrahlung unterbrochen und der Photostrom in Abhängigkeit von der Wellenlänge gemessen. Man findet Kurve b nach der ersten, Kurve c nach der zweiten und Kurve d nach der dritten Bestrahlung.

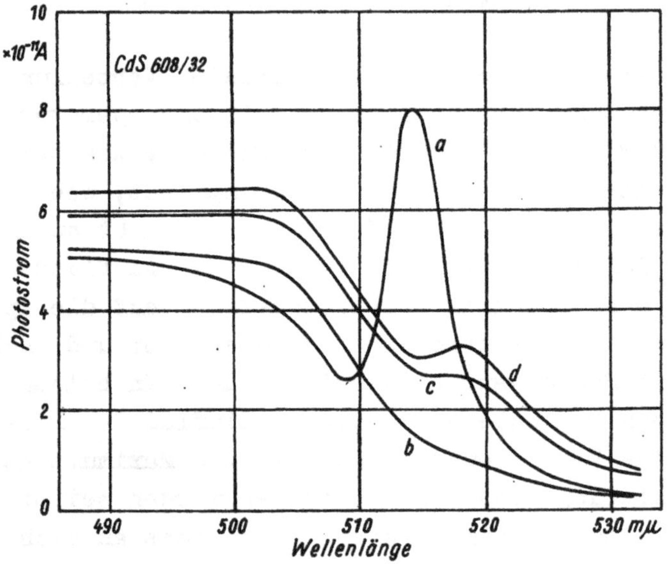

Fig. 1: Spektrale Verteilung des Photostromes eines CdS-Einkristalles im senkrecht zur c-Achse polarisierten Licht bei 20°C:

(a) vor Röntgenbestrahlung,
(b) unmittelbar nach Röntgenbestrahlung (200 kV, 20 mA, 20 min),
(c) unmittelbar nach einer darauffolgenden zweiten Röntgenbestrahlung (200 kV, 20 mA, 20 min),
(d) unmittelbar nach einer dritten Röntgenbestrahlung (200 kV, 20 mA, 20 min)

Im Gebiet der Grundgitterabsorption ($\lambda < 505$ mμ) bleibt der spektrale Verlauf des Photostromes nahezu konstant im Gegensatz zu früheren Messungen, wo Änderungen um mehr als den Faktor 2 in diesem Gebiet bei etwa gleichen Bestrahlungsbedingungen auftraten (siehe (1,2)). Es ist zu vermuten, daß die seinerzeit gefundenen Änderungen auf einen Einfluß der durch Röntgenstrahlen ionisierten Restgasatmosphäre zurückzuführen sind.

Das im Gebiet des Ausläufers bei etwa 515 mμ gefundene Maximum ist offenbar aus mindestens zwei verschiedenen Maxima zusammengesetzt: Ein kurzwelligeres Ausläufermaximum bei 514 mμ, das bei Röntgenbestrahlung rasch absinkt (Kurve a - Kurve b in Fig. 1) und ein langwelligeres Ausläufermaximum bei etwa 518 mμ, das bei Röntgenbeschuß langsam ansteigt (Kurve b - Kurve c - Kurve d in Fig. 1). Die durch die Röntgenbestrahlung hervorgerufenen Photostromänderungen sind reversibel. Nimmt man an, daß diese Änderungen durch ein Röntgendamage verursacht werden, so folgt, daß der Kristall im Laufe der Zeit "ausheilt" (siehe (1)). Die Zeitkonstanten für den Abbau des langwelligeren und den Aufbau des kurzwelligeren Ausläufermaximums sind verschieden und unterscheiden sich auch von Kristall zu Kristall.

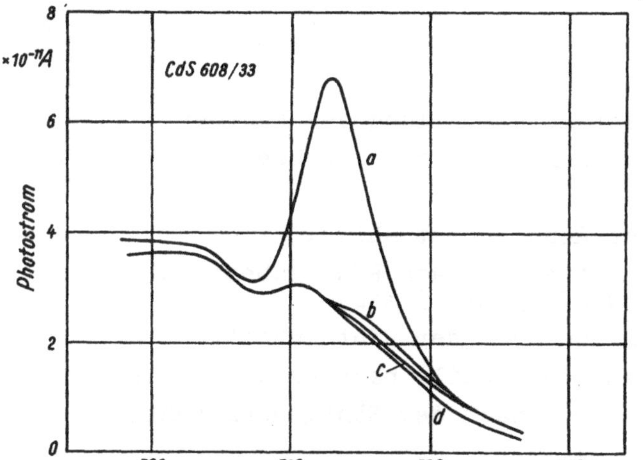

Fig. 2: Spektrale Verteilung des Photostromes eines CdS-Einkristalles im senkrecht zur c-Achse polarisierten Licht bei 20°C:

(a) vor Röntgenbestrahlung
(b) unmittelbar nach Röntgenbestrahlung (60 kV, 20 mA, 20 min),
(c) 45 min nach der Röntgenbestrahlung,
(d) 1 Std 15 min nach der Röntgenbestrahlung

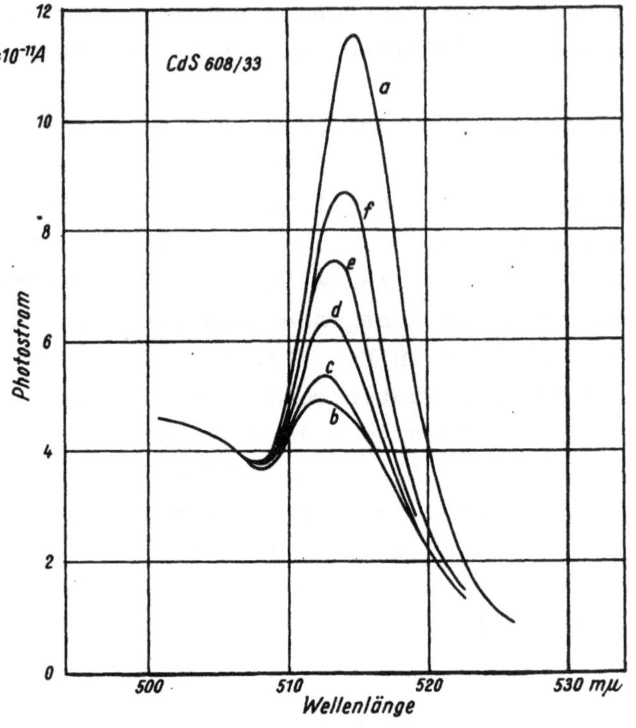

Fig. 3: Spektrale Verteilung des Photostromes eines CdS-Einkristalles im senkrecht zur c-Achse polarisierten Licht bei 20°C:

(a) vor Röntgenbestrahlung
(b) unmittelbar nach Röntgenbestrahlung (60 kV, 5 mA, 5 min),
(c) 1/2 Std nach der Röntgenbestrahlung,
(d) bis (f) jeweils nach einer weiteren 1/2 Stunde nach der Röntgenbestrahlung

Der Abbau des langwelligeren Maximums geht im allgemeinen relativ rasch vonstatten und ist in Fig. 2 dargestellt. Die Kurven wurden bei Zimmertemperatur und für senkrecht zur c-Achse des Kristalls polarisiertes Licht aufgenommen.

Dagegen erstreckt sich der Aufbau des kurzwelligeren Maximums nach Beendigung der Röntgenbestrahlung über längere Zeit (mehrere Stunden bis mehrere Tage). In Fig. 3 ist der Aufbau dieses kurzwelligeren Maximums für einen Kristall dargestellt, der zuvor mit relativ geringer Energie und Intensität (siehe Bildunterschrift) bestrahlt wurde. Bei "schwacher" vorheriger Röntgenbestrahlung geht dieser Aufbau schnell vonstatten und kann experimentell bequem beobachtet werden. Die Kurve a wurde vor und die Kurven b bis f wurden nach Röntgenbestrahlung sukzessive hintereinander bei Zimmertemperatur und für senkrecht zur c-Achse des Kristalles polarisiertes Licht aufgenommen.

Das Ausheilen der durch Röntgenbeschuß erzeugten Gitterfehler wird durch Belichtung im sichtbaren Spektralbereich stark beschleunigt. Man kann feststellen, daß das durch Licht beschleunigte Ausheilen nach einer gewissen Zeit einer Sättigung zustrebt. Eine erneute Beschleunigung des Ausheilens durch Belichtung wird danach nur bemerkbar, wenn man den Kristall für längere Zeit wieder in Dunkelheit beläßt.

Entsprechende Ergebnisse, wie sie oben für senkrecht zur c-Achse der Kristalle polarisiertes Licht beschrieben wurden, findet man für parallel zur c-Achse polarisiertes Licht.

Die Ergebnisse werden im Rahmen einer demnächst erscheinenden ausführlicheren Arbeit diskutiert.

Herrn Prof. Dr. K.W. BÖER danken wir für die Anregung zu dieser Arbeit und wertvolle Diskussionen.

Frau B. WOJTOWICZ dankt der Humboldt-Universität für die Gewährung eines Stipendiums zur Durchführung dieser Arbeit.

Literatur

(1) K.W. BÖER und H. GUTJAHR, Z.Phys. 152, 203 (1958).
(2) H. GUTJAHR, Z. Naturforsch. 12a, 1021 (1957).
(3) H. BERGER, K.W. BÖER und E.H. WEBER, Mber. Dt.Akad. Wiss. 2, 95 (1960).
(4) H. BERGER, K.W. BÖER und E.H. WEBER, Z.Phys. 158, 501 (1960).

(Eingegangen am 8.6.1961)

II. Physikalisches Institut der Humboldt-Universität zu Berlin

Der Einfluß des Temperns auf die Leitfähigkeit von Tellur

Von

H. DÜSTERHÖFT, G. FRITZE und R. LINK

Aus zonengereinigtem Ausgangsmaterial wurde nach dem Czochralskiverfahren im Graphittiegel ein Tellurkristall mit einer der c-Achse parallelen Ziehrichtung hergestellt. Als Schutzgas diente Stickstoff, dem eine kleine Menge Wasserstoff beigefügt wurde. Die Leitfähigkeit der aus diesem Barren herausgeschnittenen Stücke bei der Temperatur der flüssigen Luft schwankte zwischen 1,2 und $3{,}0 \cdot 10^{-1}\,\Omega^{-1}\mathrm{cm}^{-1}$ und unterschied sich für die verschiedenen Oberflächenbehandlungen etwas.

Unmittelbar vor dem Tempern wurden die Proben mit konzentrierter Schwefelsäure sorgfältig gereinigt. Bei einer Temperatur von 350°C wurde ein Teil der Kristalle 30 Minuten, ein anderer Teil 50 Stunden lang wahlweise im Vorvakuum, in Stickstoffatmosphäre im abgeschmolzenen Rohr oder im Hochvakuum unter ständigem Pumpen behandelt. Im Hochvakuum waren wegen der starken Sublimation des Tellurs nur Versuche bis zu 30 Minuten möglich.

Die Kurven für die Leitfähigkeitsmessungen nach dem Tempern sind aus den Figuren ersichtlich. Ein wesentliches Ergebnis unserer Versuche ist, daß besonders beim Tempern im Vakuum die Leitfähigkeit sich verringerte.

Durch die Wärmebehandlung kann sowohl die Trägerkonzentration (1) als auch die Beweglichkeit (2) der Proben beeinflußt werden. Unsere Halleffektmessungen beweisen, daß die Abnahme der Leitfähigkeit sicher zum Teil durch die Verringerung der Akzeptorenkonzentration begründet werden muß. Das Ausheilen als Akezptor wirkender atomarer Baufehler im Kristallinnern und besonders an der Oberfläche, aber auch das Diffundieren von Fremdatomen zum Beispiel aus dem Schutzgas, die im Kristall elektrisch geladen waren, in das umgebende Medium können als mögliche Ursachen genannt werden.

Wir haben festgestellt, daß das in (2) beobachtete Hervortreten des für die Gitterstreuung typischen $T^{-3/2}$ – Gesetzes der Beweglichkeit nach dem Tempern nur dann stärker in Erscheinung tritt als vorher, wenn die Leitfähigkeit des Kristalls infolge chemischer Verunreinigungen oder zu schneller Abkühlung nach dem Tempern zugenommen hatte.

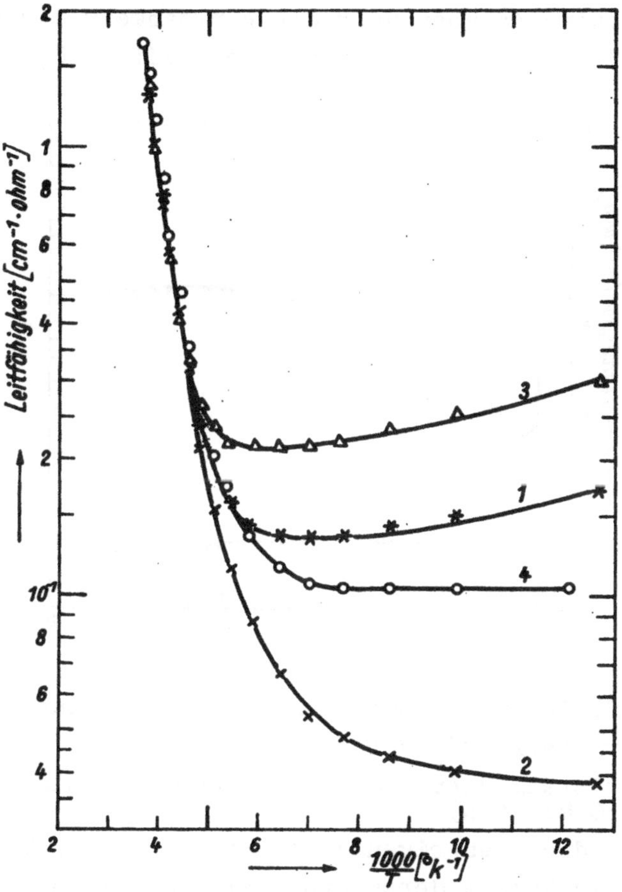

Fig. 1: Leitfähigkeit verschiedener Tellurproben:

1. Kristall 29/2 vor dem Tempern
2. Kristall 29/2 nach dem Tempern im Hochvakuum (30 Minuten)
3. Kristall 29/10 vor dem Tempern
4. Kristall 29/10 nach dem Termpern im Vorvakuum (30 Minuten)

Bei der Wärmebehandlung im Vakuum sublimiert die mehr oder minder stark zerstörte Oberfläche ab, deren Widerstand nach Messungen von BLAKEMORE u.a. (3) und nach eigenen Messungen im Fremdleitungsgebiet niedrig gegenüber dem Widerstand des Kristallvolumens sein kann. Dieser Effekt vermindert die an der Probe gemessene Leitfähigkeit ebenfalls.

Nach dem Ätzen der getemperten Kristalle mißt man an ihnen eine größere Leitfähigkeit als ohne diese Behandlung.

Quantitative Angaben über die Wirksamkeit der einzelnen Prozesse sind erst nach eingehenderen Studien möglich.

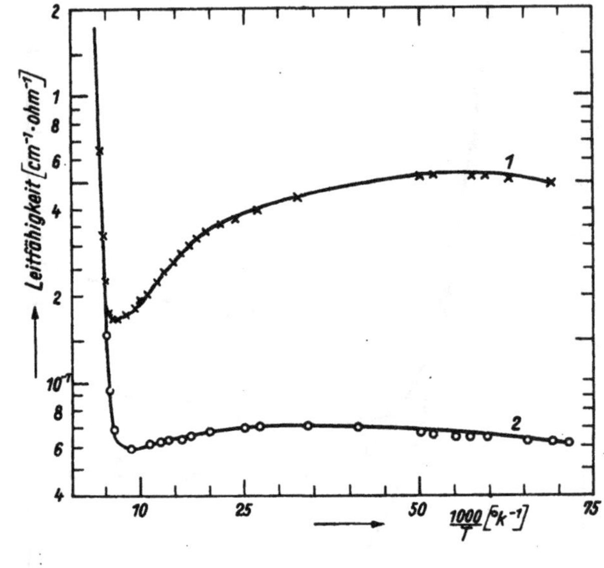

Fig. 2: Leitfähigkeit verschiedener Tellurproben:

1. Kristall 29/5 vor dem Tempern.
2. Kristall 29/5 nach dem Tempern in Stickstoff (30 Minuten)

Jedoch zeigen die bisherigen Ergebnisse, daß das Tempern von Tellurproben im Vakuum deren Störstellengehalt erheblich herabsetzt und daß es außerdem Einflüsse der Oberfläche, die die Volumeneigenschaften teilweise überdecken, stärker vermindert als die bisher für Tellur beschriebenen Ätzmittel. Es sei besonders darauf hingewiesen, daß mechanische Beanspruchung durch Sonden, Kontakte usw. sorgfältig vermieden werden muß, wenn man diese Folgen des Temperns beobachten will.

Literatur

(1) H.KRONMÜLLER, J.JAUMANN und K.SEILER, Z.Naturforsch. 11a, 243 (1956).

(2) R.W.PARFEN'EV, I.I.FARBSHTEIN und S.S.SHALYT, Fiz.tver. tela II, 2923 (1960).

(3) J.S.BLAKEMORE, J.W.SCHULTZ und K.C.NOMURA, J. appl.Phys. 31, 2226 (1960).

(Eingegangen am 1.6.1961)

Vorabdruck der Titel und Abstracts von Originalarbeiten

In Heft 2 der "physica status solidi" erscheint:

Zusammenfassender Bericht

N.RIEHL und R.SIZMANN, Wirkungen hochenergetischer Bestrahlung auf Phosphore, Teil I

Originalarbeiten

P.T. LANDSBERG, On suggested simplifications of CARATHÉODORY'S Thermodynamics The geometrical approach to thermodynamics which was initiated by CARATHÉODORY has recently been more widely accepted. In fact, in the last few years a number of attempts have been made aimed at simplifying it with a view to developing an elementary approach. An attempt has also been made to replace the geometrical by an algebraic procedure. In this paper these suggestions are examined for implicit assumptions, and attention is drawn to problems which they leave unsolved. It is pointed out that CARATHÉODORY'S original derivation of the increasing property of the entropy involves also some implicit continuity assumptions concerning non-static adiabatic changes. An elementary approach is here understood to have the following properties:

1. It appeals only to mathematical theorems familiar to most physicists (i. e. it does not involve CARATHÉODORY'S theorem or similar technicalities, and

2. it leads to a full specification of the content of the second law of thermodynamics as normally understood.

M.SCHÖN †, J.KNOBLOCH und K.LUCHNER, Kontinuierliche Messung der Dielektrizitätskonstanten von pulverförmigen photoleitenden Phosphoren (I. Apparativer Teil) Es wird eine Methode beschrieben, mit der die Photoleitung pulverförmiger Phosphore kontinuierlich gemessen werden kann. Der Meßvorgang besteht in einer Spannungs- und Phasenwinkelmessung, die Zeitkonstante ist kleiner als 0,1 sec.

M.BOČEK und K.VACEK, Über einige Kennzeichen der Ähnlichkeit im plastischen Verhalten von Ionen- und Metallkristallen Es wird der Verfestigungsverlauf von Zink- und Ni-Co-Einkristallen mit dem von LiF-Kristallen bei relativ kleinen Abgleitungen verglichen. Die sich daraus ergebenden Ähnlichkeiten können wohl in der Weise gedeutet werden, daß das Hauptmerkmal dieser Ähnlichkeit in der Erzeugung von Gittereigenfehlstellen durch bewegte Versetzungen zu Beginn der plastischen Verformung zu suchen ist. Ähnliche Untersuchungen an AgBr-, AgCl- und NaCl Kristallen führen zu analogen Ergebnissen.

E.GUTSCHE, Über die elastischen Eigenschaften von Kristallgittern mit Wurtzitstruktur (II. Das elastische Verhalten des Wurtzit- und des Zinkblendegitters in einem Modell mit Zentralkräften zwischen nächsten und übernächsten Nachbarn) Die elastischen Eigenschaften von Kristallgittern mit Wurtzitstruktur werden unter der Voraussetzung von Zentralkräften und Wechselwirkung zwischen nächsten und übernächsten Nachbarn theoretisch untersucht. Es werden Ausdrücke für die elastischen Konstanten, die Kompressibilität und die optischen Grenzfrequenzen abgeleitet, mit experimentellen Daten verglichen und diskutiert. Parallel hierzu werden das Zinkblendegitter in der gleichen Näherung behandelt und Analogien und symmetriebedingte Unterschiede im elastischen Verhalten beider Strukturen erörtert.

H.KARRAS, Modellvorschläge für einige Absorptionsbanden verfärbter und unverfärbter Strontiumfluoridkristalle Die Ausführungen stützen sich auf ein experimentelles Material von Kristallen, für deren Herstellung sehr reine Ausgangsmaterialien verwendet wurden. Die experimentellen Ergebnisse legen es nahe, das grüne additive Verfärbungsspektrum als charakteristisch für die Eigenstörstellen anzusehen.

Gestalt und Lage der beiden Hauptbanden werden mit den Formeln von SMAKULA und MOLLWO berechnet. Die Verhältnisse der Bandenlagen bilden einfache Wurzelausdrücke.

Vorwiegend geometrische Überlegungen mit Hilfe von Netzebenenschemata führen zum Vorschlag geometrischer Darstellungen von chemischen Störstellen und Eigenstörstellen vor und nach additiver Verfärbung. Es wird versucht, für einige Modelle und Banden Zuordnungen zu treffen. Für die beiden Hauptbanden werden zwei farbzentreähnliche Modelle vorgeschlagen.

K.W.BÖER, H.J.HÄNSCH, U.KÜMMEL, H.LANGE und E.NEBAUER, Inhomogene Stromdichteverteilung bei hohen elektrischen Leistungen in CdS-Einkristallen, Vorprozesse des Wärmedurchschlages I Es wird eine elektro-thermo-optische Methode beschrieben, mit deren Hilfe der Stromdichteverlauf im Innern von Kristallen ausgemessen werden kann. Diese Methode wird zur Bestimmung des Stromdichteverlaufs in CdS-Einkristallen bei hohen Strombelastungen angewendet. Der Zusammenhang zwischen Temperaturprofilen, Stromdichteverteilungen und der Strom-Spannungs-Charakteristik wird angegeben und diskutiert.

G.KSOLL, Über die Bestimmung des Konzentrationsprofiles von Diffusionsschichten in Silizium aus Schichtleitfähigkeitsmessungen Es wird ein Auswertungsverfahren von Schichtleitfähigkeitsmessungen mit der Vierpunktmethode angegeben, das bei Kenntnis der Konzentrationsabhängigkeit der Beweglichkeit die Bestimmung des Konzentrationsprofiles ohne spezielle Annahmen über die Konzentrationsverteilung gestattet.

Experimentelle Untersuchungen von diffusionserzeugten p-Schichten in n-Silizium ergeben in der Nähe des Überganges starke Abweichungen der gemessenen Verteilung von der Exponential- bzw. der komplementären Fehlerverteilung.

In Heft 3 der "physica status solidi" erscheint:

Zusammenfassender Bericht

K.W.BÖER und E.A.NIEKISCH, Störtermspektroskopie mit Methoden der elektrischen Leitfähigkeit (I)

Originalarbeiten

H.STOLZ, Vektorielle Elektron-Phonon-Wechselwirkung in Metallen In der Näherung freier Elektronen und der Kontinuumsapproximation für das Gitter werden die Matrixelemente für Emission und Absorption transversaler Phononen auf Grund der vektroiellen Kopplung zwischen den Leitungselektronen und dem von den Gitterschwingungen erzeugten elektromagnetischen Feld berechnet. Diese Wechselwirkung ist für thermische Ultraschallabsorption dasselbe Resultat wie die halbklassische Theorie von PIPPARD und STEINBERG.

In einem Anhang wird das zur Behandlung der vektoriellen Kopplung entwickelte Verfahren auf die Berechnung der Matrixelemente der skalaren Wechselwirkung zwischen Metallelektronen und longitudinalen Phononen übertragen und liefert in übersichtlicher Form BARDEENS bekanntes Resultat mit einer vernachlässigbaren Korrektur.

K.W.BÖER, E.JAHNE und E.NEBAUER, Zur Theorie der inhomogenen Stromverteilung bei hohen elektrischen Leistungen (Vorprozesse des Wärmedurchschlages I) Es wird das elektrisch-thermische Verhalten eines zylindersymmetrischen Dielektrikums im Vor-Wärme-Durchschlagsgebiet untersucht. Die Temperatur- und Stromdichteverteilungen werden in Abhängigkeit von der elektrischen Leistung diskutiert. Die Strom-Spannungs-Charakteristik wird in einer Parameterdarstellung angegeben.

B.SHARAN, Evaluation of Vibration Spectrum and Heat Capacities of Tungsten and Molybdenum by de Launay's Electron Gas Model. De Launay's model of electron-lattice interaction has been applied to the evaluation of the vibration spectrum of two body-centred cubic metals viz. tungsten and molybdenum. Following KELLERMANN the reciprocal phase space is divided into 10 x 10 x 10 cells. However, the secular determinant is solved only for 47 points of the first Brillouin Zone (including the origin). A correct enumeration, considering the proper statistical weights, yields 3,000 frequencies - a point missed by the earlier workers. The calculated specific heats are in very good agreement with the experimental values. In the case of tungsten the results have been compared with those of FINE who ignored the effect of the electrons in the lattice vibrations. It is found that de Launay's model gives a better agreement with observed data than Fine's at all temperatures.

K.HERRMANN, Bestimmung des Schraubensinns von Tellureinkristallen durch chemisches Ätzen Cleaved faces of tellurium single crystals are etched in conc. sulfuric acid. The developing etch figures (hillocks and pits) are asymmetrical. There are two types of crystals whose etch figures are reflected images each to another. The symmetry of these etch figures defines a screw direction. It is to be supposed, that the two types indicate levo- and dextrorotatory Te.

J.VOIGT, Zur Temperatur- und Intensitätsabhängigkeit von Photostrom und Lumineszenz in einem reaktionskinetischen Modell für Sulfidphosphore Die intensitäts- und Temperaturabhängigkeit der Leitungselektronenkonzentration und die Intensitätsabhängigkeit der Lumineszenzausbeute werden für den stationären Fall in einem reaktionskinetischen Modell mit zwei diskreten Termgruppen genauer untersucht. Es wird der Fall einer Ausläuferanregung betrachtet. Unter der einzigen Näherungsannahme, daß keine Sättigung der Aktivatorterme mit Löchern eintritt, werden exakte Lösungen für die Leitungselektronenkonzentration und die Lumineszenz angegeben und besonders der Fall der Superlinearität mit der Anregung diskutiert. Ein Vergleich mit bereits bekannten Ergebnissen wird durchgeführt.

In Heft 5 der "Fizika Tverdogo Tela" sind erschienen:

G.B. DUBROVSKII: Optical Properties of CdTe The coefficients of absorption and reflection of CdTe from 0,4 to 0,6 μ, and the refraction index in the region of the absorption edge, have been measured. A change in the intrinsic absorption near the edge is shown to be due to V_{Cd}^{-} defects which are localized in a Cd-poor surface layer formed in air. The activation energy of V_{Cd}^{-} is determined from the photo-EMF arising at the inversion layer on the surface of n-type-CdTe.

M.N. RYABININ: Longitudinal Magnetoresistance of n-type-Ge in the Quantum Limit The longitudinal magnetoresistance is examined theoretically on the assumption of elastic scattering by acoustical phonons. The result of ARGYRES and ADAMS (Phys.Rev. 104 (1956) 900), is generalized for the case of a quadratic dispersion law.

M.I. BESSONOV and E.V. KUVSHINSKII: Kinetics of the Growth of "Silver" Cracks in Transparent Solid Polymers The kinetics of the growth of cracks ("silvering") in transparent polymethyl-metacrylate and polystyrene are investigated by means of a special method proposed ealier. The influence of these cracks on the elastic properties and the dependence of the growth of cracks on the sample size are also studied. The authors introduce empirical equations relating the velocities of fracture, of creep, and of the formation of cracks. The "silver" cracks are shown to be different from the fracture cracks.

V.G. GOVORKOV and V.R. REGEL: Dependence of the Parameters of Deformation Curves of Ge Single Crystals on Temperature and Strain Rate Deformation curves of Ge single crystals for three different orientations have been measured from 20 to 900°C for strain rates ν varying between 10^{-2} and 10^{-6} sec $^{-1}$. For temperatures below 750°C the curves show a characteristic plateau and a "tooth" of plastic flow. By decreasing the strain rate the form and parameters of the curves are changed in the same sense as would be produced by an increase of temperature. The "tooth" is not found in a second deformation; annealing the deformed samples does not reproduce it but leads to a decrease of the yield point. The activation energy determined from the dependence of the yield point on t and ν is approximately equal to the value obtained from creep experiments.

A.J. STEKHANOV, Z.A. GABRICHIDZE and M.B. ELIASHBERG: Second Order Raman Scattering at Low Temperatures The second order Raman spectrum of a KJ crystal at 77 and 300°K is found to be very involved. It is concluded that the vibration spectra of alkali halide crystals are quasi-continuous.

O.V. KLYAVIN and B.J. SMIRNOV: A Study of X-Ray Line Width of Aluminum Deformed at 4,2°K The width of the X-ray lines 200 and 400 of aluminum deformed at 300, 77 and 4,2°K was studied at 300°K. An increase of line broadening with decreasing temperature of deformation is observed, which is due to a splitting of mosaic blocks and to a growth of microdistortions. At 300°K a decrease of line width with time is found.

E.D. DEVYATKOVA, A.V. PETROV and I.A. SMIRNOV: Heat Transfer during Ambipolar Diffusion of Carriers in PbTe and PbSe The heat conductivity of PbTe and PbSe with carrier concentrations varying from $3,3 \times 10^{17}$ to $1,2 \times 10^{19}$ cm^{-3} was measured from 90 to 800°K. The deviation from the $\frac{1}{T}$ - law expected for the lattice conductivity can be explained qualitatively by a contribution of ambipolar carrier diffusion to the heat transfer.

M.I. KLINGER: On the Theory of Linear Irreversible Processes in a Strong Magnetic Field The author develops a theory of kinetic coefficients which are discribed by an equation of the type

$$\sigma_{AB}(\omega) = \int_{+0}^{\infty} dt\, e^{i\omega t - \eta t}_{\eta \to 0} \int_0^{\beta} d\beta' < BA(t + i\beta') >$$

in a strong magnetic field in the case of weak electron scattering. By expanding $\sigma_{AB}(\omega)$ in terms of the interaction with the scatterers general iteration formulae for $\sigma_{AB}(\omega)$ and validity criteria are obtained. The formulae are investigated for special cases. In some cases the iteration theory is shown to be insufficient.

M.I. KLINGER: Derivation of Quantum Mechanical Kinetic Equations in a Strong Magnetic Field. With the aid of retarded Green's functions of temperature the fundamental transport equation in a strong magnetic field is derived. Some applications, especially the line width of cyclotron resonance, are examined.

M.I. KORSUNSKII, N.S. PASTUSHUK and G.D. MOKHOV: Elimination of the Influence of Non-Photoconducting Regions in the Investigation of the Photoconductivity of Amorphous Selenium Layers Containing Mercury Layers of amorphous Se annealed in a Hg atmosphere are shown to contain a non-photosensitive resistance component which affects the kinetics of photocurrent. Information on the non-photosensitive resistance components can be obtained from plotting the reciprocal photocurrent as a function of light intensity. The dependence of the "true" photoconductivity on intensity is also determined.

I.M. BRONSHTEIN and B.S. FRAIMAN: On the Determination of the Free Paths of Slow Secondary Electrons For the investigation of the free paths of slow electrons in metals (Ba, Ca, Be) the same metals can be used as substrates. The surfaces of the substrates are oxidized. The free paths in Ba, Ca and Be are found to be of the order of 10 atomic layers.

D.A. GORODETSKII and A.M. KORNEV: Diffraction of Slow Electrons at the Surface of Tungsten Covered by Thin Adsorbed Barium and Barium Oxide Films Diffraction patterns of a tungsten single crystal and of barium and barium oxide layers on its surface were obtained in a vacuum of 10^{-9} mm Hg. Monatomic Ba layers show an ordered structure. At room temperature the W pattern becomes weaker during the formation of a BaO layer and a new pattern is not observed. It is concluded that these BaO layers are not ordered. Annealing the layers or precipitating them on a substrate heated to temperatures above 1000°K produced a new diffraction pattern, which is due to a two-dimensional BaO lattice. The lattice constant is found to be two times the lattice constant of tungsten in the given direction.

A.E. GERSHBERG: The Role of Space Charge Redistribution in the Kinetics of the Internal Photoelectric Effect of High-Resistance Photoconductors The kinetics of the internal photoelectric effect in $Sb_2S_3 \cdot Sb_2Se_3$ for the time interval of 10^{-3} to 1 sec are compared for various conditions different as to the role of the redistribution of space charge. For different experimental conditions there is no essential difference in the relaxation of photoconductivity. It is concluded that the redistribution of carriers in space is less important than the redistribution in energy. The strong dependence of the time constant of photoconductivity on voltage observed frequently is assumed to be due to the contacts. The results obtained are not limited to $Sb_2S_3 \cdot Sb_2Se_3$, but are valid for a great number of materials.

YU.A. TSVIRKO and M.A. TOLMAZINA: Boundary Conditions for Electromagnetic Waves at the Surface of Optically Active Crystals Additional boundary conditions at the surface of a plane parallel plate cut from an optically active uniaxial crystal are obtained for electromagnetic waves propagating along the principal axis. As a consequence of the additional boundary conditions a direction perpendicular to the axis becomes optically distinguished at wavelengths near the exciton absorption wavelength. An oscillatory dependence of the light intensity on the plate thickness, due to anomalous light waves, is found.

G.M. AVAK'YANTS, D.A. ARONOV and P.M. KARAGEORGII-ALKALAEV: On the Problem of the Reverse Current-Voltage Characteristic of Semiconductor Diodes A theory of a p-n-junction with a p-type or n-type layer of final thickness is developed. The theories by TOLPYGO and RASHBA (1) and by GUBANOV (2) are shown to be special cases of this theory. A mechanism is proposed explaining the anomalous temperature dependence of the reverse current of selenium rectifiers. The maximum of the differential resistance of germanium diodes is also understood. The results are compared with experimental data for Ge and Se rectifiers; the agreement is satisfactory.

(1) K.B. TOLPYGO and E.I. RASHBA: Trudy IFAN USSR 7, 60 (1956)
(2) A.I. GUBANOV: Teorya Vypryamlyayushchego Deistviya Poluprovodnikov (Theory of the Rectifying Action of Semiconductors) GITTL, Moscow 1956

U.B. PEARSON: A Survey of Investigations of the Thermoelectric Properties of First Group Metals at Low Temperatures Carried out in the National Research Laboratories at Ottawa Owing to extensive work done on the thermoelectric properties of metals at low temperatures during the last years these properties are now largely understood. Much progress in this understanding was made by the first work of GUREVICH on the "phonon drag effect" and by KOHLER's derivation of relations, by means of which the influence of the various mechanisms of scattering on the "diffusion thermo-EMF" can be calculated. In this paper these questions are discussed in relation to the investigation of the properties of metals of the first group as carried out at Ottawa.

K.P. BELOV and V.F. BELOV: On the Problem of the Anomalous Increase of the Width of the Ferromagnetic Resonance Absorption Line in Ferrites Near the Curie Temperature A sudden increase of the width of the ferromagnetic resonance absorption line (9470 mcps) near the Curie temperature is observed in Mn and Mg-Mn single crystals. At the same temperatures an anomalous increase of the static field coercitive force is found. Both effects are assumed to be due to the transition to a "magnetically heterogenous" state.

N.S. BARYSHEV: Radiative Recombination of Holes and Electrons in PbS, PbSe and PbTe On the basis of the theory of VAN ROOSBROECK and SHOCKLEY the temperature dependence of the radiative band-band-recombination in semiconductors of the PbS group is studied. Thermal equilibrium recombination rates and lifetimes are calculated in the range from 77 to 552°K. The effective cross sections of recombination are practically constant above room temperature and are equal to $1,3 \times 10^{-19}$, 8×10^{-20} and $2,2 \times 10^{-19}$ cm^2 for PbS, PbSe and PbTe respectively.

L.V. TARASOV: Experimental Determination of the Lattice Vibration Spectrum in Crystals of Arbitrary Symmetry by means of Incoherent One-Phonon-Scattering of Cold Neutrons The relation between the cross section of incoherent unelastic scattering of cold neutrons and the vibration spectrum of crystals is studied. In the general case of a single crystal of arbitrary symmetry the vibration spectrum is a linear combination of three scattering cross sections measured with three arbitrary orientations of the crystal. For a polycrystalline sample the scattering cross section is proportional to the frequency spectrum.

N.G. NAKHODKIN and G.A. ZYKOV: Influence of Oxygen at Low Pressures on the Electric Properties of an Oxide Cathode The variation of conductivity, thermionic emission and thermo-EMF with oxygen pressure in the range from 10^{-8} to 10^{-6} mm Hg was investigated in a fused vessel. The purity of the oxygen was controlled by means of an omegatron. A probable interpretation of the results is proposed: The adsorbed oxygen diffusing into the layer to a depth of the order of 10^{-4} or 10^{-5} cm will change the concentration of donors in every grain and thus the electrical properties of the layer.

E.F. GROSS, A.G. ZHILICH, B.P. ZAKHARCHENYA and A.V. VARFALOMEEV: Magneto-Optical Investigation of a Quadrupole Exciton Transition in the Cu_2O Crystal With the aid of group theory the Zeeman effect for a quadrupole transition in the exciton spectrum of Cu_2O is investigated. The splitting of the quadrupole line n = 1 for various orientations of the crystals in the magnetic field is studied experimentally; the results are compared with the theory.

F.M. GASHIMZADE and V.E. KHARTSIEV: Band Structure of Complex Semiconductors. Calculation of the Band Structure of Si, Ge and GaAs by means of the Simplified OPW Method The band structure of Si, Ge and GaAs is treated by means of the orthogonalized plane wave method with an effective repulsive potential as proposed by ANTONCHIK (1). Wave functions of the Slater type are used. The results for Si and Ge are in satisfactory agreement with the calculations of other authors. An application of this method to other semiconductor compounds is proposed.

(1) E. ANTONCHIK: J. Phys. Chem. Solids 10, 314 (1959)

LYAN CHZHI-CHAO and D.N. NASLEDOV: Electrical and Galvanomagnetic Properties of p-type InSb Crystals at Low Temperatures The electrical properties of crystals of p-type InSb with acceptor concentrations varying from 10^{13} to 10^{15} cm^{-3} are studied in the temperature range from $78^{o}K$ to the temperature of liquid helium. The activation energy of the acceptors is found to be between 7 and 9×10^{-3} eV. The concentrations of acceptors and donors are determined. A strong influence of a heat treatment is observed; the activation energy of the thermal acceptors is between 1,4 and $1,6 \times 10^{-2}$ eV. Some of the experimental results cannot be understood on the basis of impurity conduction.

YU.A. KONTSEVOI and M.I. IGLITSYN: Investigation of the Stationary Photoconductivity and of the Surface Recombination Velocity of Silicon Several methods of measuring the surface recombination velocity of Si are discussed on the basis of the theory of stationary photoconductivity. The dependence of stationary photoconductivity of thin Si plates on light intensity are investigated after various surface treatments and in various gas atmospheres. The observed deviations from the linear dependence are discussed.

B.YA. PINES and R.I. KUZNETSOVA: Change of the Submicroporosity in Electrolytic Metal Films caused by Annealing and by Stress The intensity of the small angle X-ray scattering on stressed and unstressed Cu and Ni films after heat treatment is measured at various temperatures. From the experimental data the kinetics of the porosity changes is discussed. The non-monotonic dependence of the porosity on the annealing temperature in the case of unstressed films and its increase after annealing in the case of stressed films is explained.

A.M. ELGARD: Investigation of the Dependence of Dielectric Constant and Dielectric Losses of Ferroelectrics on the Electric Field Strength in the Range from 50 cps to 100 kcps The measurements were carried out by means of a special experimental arrangement. Voltage pulses were used in order to avoid heating the sample. The results add to the understanding of the dependence of the polarization on frequency and field strength.

V.J. CHEREPANOV: Influence of a Directed Deformation of a Cubic Crystal on the Quadrupole Exciton Absorption of Light For a crystal of point group O_h a quadrupole exciton line of type A (transition $\Gamma_1 \rightarrow \Gamma_{25}'$) is investigated. By a stress along a symmetry axis of fourth order a line of type A is split into two components in the general case, and by a stress along an axis of second order into three components. The dependence of the light intensity on the direction of propagation and on the state of polarization are calculated. The results are compared with experimental data for the line $\lambda = 6125$ Å of Cu_2O.

S.A. ALTSHULER, SH.SH. BASHKIROV and A.M. LEUSHIN: <u>On the Theory of Acoustical Paramagnetic Resonance in Crystals Containing Ions of the Iron Group</u> The coefficient of ultrasonic resonance absorption is calculated for crystals in which the paramagnetic ions of the iron group are surrounded by an octahedron of diamagnetic nearest neighbour particles.

V.A. PETRUSEVICH, V.K. SUBASHIEV and G.P. MOROZOV: <u>Investigation of Germanium by means of Photoelectric Methods</u> Surface recombination velocity, diffusion length and absorption coefficient of Ge can be determined from the spectral distribution of photoconductivity in a relatively simple manner (1,2). In this paper values determined in this way are compared with the values obtained from measurements of the photomagnetic effect. Combining measurements of the photomagnetic effect and of the spectral distribution of photoconductivity, the authors determine ambipolar diffusion coefficient, resistivity and conductivity type.

(1) V.K. SYBASHIEV et al., FTT 2, 1022 (1960)
(2) V.A. PETRUSEVICH, FTT 3 (1961)

A.M. ELGARD: <u>Investigation of the Dependence of Dielectric Constant and Dielectric Losses of Polarized Ferroelectrics on the Electrical Field Strength in the Frequency Range from 50 cps to 100 kcps</u> The dependence $\varepsilon = f(E)$ and $tg\,\delta = f(E)$ are investigated for polarized ferroelectrics at various frequencies. The results are compared with the data obtained on non-polarized samples. Polarized ferroelectrics show high values of ε and $tg\,\delta$ for strong electric fields.

M.V. CHUKICHEV and V.S. VAVILOV: <u>Formation of Lattice Defects by Thermal Neutrons During the Irradiation of Silicon Single Crystals in a Nuclear Reactor</u> Changes in the properties of a crystal irradiated with neutrons are a consequence of 1) elastic scattering of fast neutrons, 2) nuclear reactions and 3) the recoil of excited nuclei occuring when a γ - quantum is emitted. For Si the contribution of the last effect to the number of displaced atoms is calculated. The results are compared with experimental data.

V.N. KASHCHEEV and M.A. KRIVOGLAZ: Influence of Anharmonicity on the Energy Spectrum of Inelastically Scattered Neutrons. I The Case of Weak Binding Width and position of the maximum in the energy distribution of neutrons coherently scattered by an ideal crystal are investigated as functions of phonon wave vector and temperature.

V.N. KASHCHEEV and M.A. KRIVOGLAZ: Influence of Spin-Spin and Spin-Phonon Interaction in a Ferromagnetic on the Energy Distribution of Scattered Neutrons The influence of spin-spin and spin-phonon interaction 1) on the width and position of the one-magnon scattering maximum and the one-phonon scattering maximum and 2) on the velocity of sound are investigated. The dependence of the widths and positions on temperature and on the wave vector of the "elementary excitation" are also studied.

A.V. RZHANOV and A.F. PLOTNIKOV: Germanium Surface Levels Studied by means of Infrared Photoconductivity At temperatures near 80°K the spectral distribution of photoconductivity was measured in the range from 1,8 to 3,8 μ . The photoconductivity is found to be related to a destruction and, possibly, a filling of surface levels. From the measurements it is concluded that two discrete levels and a system of continuously distributed levels are present.

YUUV. ZUBENKO and I.L. SOKOL'SKAYA: Field Emission and Thermionic Emission of Thorium and Barium Layers on Tungsten Field emission and thermionic emission are investigated as functions of layer thickness during the condensation process. The emission vs condensation time curves do not show the maximum found by other workers, which has usually been attributed to a monatomic covering; the present authors find a monotonic increase of emission with time. It is concluded that the monotonic rise is characteristic for the adsorption of metal atoms on metals, and that the presence of a maximum is due to oxygen chemisorbed on the tungsten surface.

E.G. LANDSBERG and S.G. KALASH NIKOV: Capture Cross-Sections of Manganese Atoms in Germanium The temperature dependence of the electron lifetime in p-type Ge containing Mn is studied in the temperature range from 95 to 330°K. The capture cross-sections of the lower and higher Mn levels are found to be 2×10^{-16} cm^2 (90°K) and 4×10^{-17} cm^2 respectively. Both cross-sections are practically independent of temperature. Mn atoms do not give rise to considerable trapping in p-type Ge.

YU.S. KARPOV: Temperature Dependence of Low Frequency Conductivity Fluctuations in Reversely Biased p-n-Junctions The increase of fluctuation intensity with increasing temperature observed for a number of samples is attributed to the presence of leakage currents. The increase of fluctuation intensity at low temperatures found with all samples is assumed to arise from an avalanche carrier multiplication taking place in the transition layer, probably in the surface region.

V.N. DOBROVOL'SKII: Distribution of Excess Carriers in an Anisotropic Cubic Crystal in the Presence of a Magnetic Field The distribution (drift and diffusion) of excess carriers in an anisotropic cubic crystal in a weak magnetic field is calculated. The results are compared with those of the isotropic theory (1). A possible experimental determination of phenomenological parameters of the theory is pointed out.

(1) V.N. DOBROVOL'SKII, UFZh 5, 333 (1960)

N.I. VITRIKHOVSKII and I.B. MIZETSKAYA: Influence of Growth Conditions on some Physical Properties of CdS · CdSe Solid Solutions The preparation of relatively big (average dimensions 8 x 12 x 6 mm^3) CdS, CdSe and CdS · CdSe single crystals is described. The influence of growth conditions on the form and dimensions of CdS · CdSe crystals and the dependence of the spectral distribution of photoconductivity on the ratio of components are studied.

R.E. PASYNKOV: Investigation of Nonlinear Properties of $BaTiO_3$ Single Crystals and Polarized Ceramics in Strong Alternating Fields On the basis of the thermodynamic theory of ferroelectricity ε_z and d_{ik} are determined as functions of electric field for a $BaTiO_3$ single crystal consisting of one domain and for polarized $BaTiO_3$ ceramics. Conclusions from the theory are compared with experimental results obtained on ceramics.

S.A. SEMENKOVICH, L.A. KOLOMOETS and N.V. KOLOMOETS: Crystallization of Bi, Te and Bi_2Te_3 by means of the Peltier Effect The movement of the boundary between liquid and solid under the influence of a direct current passing through the boundary in the normal direction is studied by means of a special experimental arrangement. The Peltier coefficients of Bi, Te and Bi_2Te_3 are determined from the displacement velocity of the boundary under nearly isothermal conditions. The stabilization of the crystallization front is explained. Some possible ap lications are pointed out.

YU.I. RAVICH: Determination of Characteristic Parameters of Minority Carriers in Semiconductors from Measurements of Photoconductivity and Photomagnetic Effect The author presents a theoretical investigation of photoconductivity and the photomagnetic effect for a semiconductor containing trapping centres. The cases of non-linear recombination and of a cylindrical sample are studied in detail. The determination of recombination parameters and mobility from measurements of these effects is discussed.

Inhaltsverzeichnis zu den Kurzen Originalmitteilungen

Статьи и письма

просим направлять по адресу

Prof. Dr. K. W. Böer, Berlin C 2, Neue Schönhauser Str. 20

Журнал служит для публикации результатов научных исследовании из всей области физики твердого тела.

К печати принимаются:

1. Обзорные статьи об актуальных вопросах физики твердого тела—после согласии с редакцией.
2. Оригинальные работы, которые не были опубликованы или посланы к опубликованию, если они содержат новые результаты— при согласии редакции. Последный срок приема 8 число каждого месяца (50 дней перед выходом номера).
3. Краткие сообщения важных результатов исследовании, которые выходят в виде фоторепродукции в специальном разделе журнала по возможности быстро при полной ответственности автора. Последный срок приема 12 число каждого месяца (16 дней перед выходом номера).
4. Предопубликование краткого резюме оригинальных работ в фоторепродукционном разделе.

Указания редакции

Рукописи будут приниматься на английском, немецком, русском или французском языках.

Редакция просит авторов

1. Направлять рукописи напечатаные на пишущей машинке на одной стороне машинописного листа по возможности через два интервала с полями не менее 3 см.
2. Указать фамилию и инициали имени и отчества автора а также на следующей строке место выполнения работы.
3. Прилагать краткое резюме работы объемом не более 10 строк, по возможности и на другом языке чем на языке работы.
4. Прилагать чертежи на отдельных листах (достаточно, если они выполнены карандашом) и фотографии (по возможности только для разделов 1 и 2 журнала) на белой бумаге.
5. Подписи к рисункам прилагать на отдельном листе.
6. Отметить специально на рисунках особые пожелания относительно размера.
7. Литературные ссылки в порядке цитирования прилагать на отделном листе согласно сокращениям принятым в ,,Periodica Chimica,, или ,,Physikalische Berichte,, указывая по очереди номер тома (подчеркнуть), страницу и (в скобках) год издания.

Авторы работ 1 и 2 раздела журнала получают Аве корректуры (гранки). Корректуры разделов 3 и 4 читаются редакцией журнала.

Авторы оригинальных статей и кратких сообщений получают вместе 75 оттисков бесплатно. Авторы обзорных статей получают гонорар и кроме этого 25 оттисков бесплатно.

Cettes indications paraissent en langue française dans la brochure suivante.

Einsendungen und Zuschriften

bitten wir zu richten an:

Prof. Dr. K. W. Böer, Berlin C 2, Neue Schönhauser Str. 20
oder Berlin-Spandau, Schnepfenreuther Weg 27 a.

Die Zeitschrift dient der Publikation von Erkenntnissen der Grundlagenforschung des gesamten Gebietes der Festkörperphysik.

Sie erscheint am 1. eines jeden Monats.

Es werden aufgenommen:

1. Zusammenfassende Berichte über aktuelle Teilgebiete der Festkörperphysik nach Vereinbarung mit der Schriftleitung.
2. Originalarbeiten, die an anderer Stelle noch nicht veröffentlicht bzw. zur Veröffentlichung eingereicht sind, soweit sie neue Erkenntnisse enthalten, nach Zustimmung der Schriftleitung. Annahmeschluß am 8. jedes Monats (50 Tage vor Auslieferung des Heftes).
3. Kurze Mitteilungen wichtiger Forschungsergebnisse, die als photoreproduzierte Beilage der Zeitschrift angeheftet möglichst rasch erscheinen, in ausschließlicher Verantwortung des Autors. Annahmeschluß am 12. jedes Monats (16 Tage vor Auslieferung des Heftes).
4. Vorabveröffentlichung der kurzen Zusammenfassung von Originalarbeiten in der photoreproduzierten Beilage.

Redaktionelle Hinweise

Manuskripte werden in deutscher, englischer, französischer oder russischer Sprache angenommen.

Die Autoren werden gebeten

1. Manuskripte einseitig in Maschinenschrift möglichst mit zweizeiligem Abstand beschrieben im Format DIN A 4 mit mindestens 3 cm breitem Rand einzureichen.
2. Namen und Vornameninitialen des Verfassers sowie darunter den Ursprungsort der Arbeit anzugeben.
3. Eine kurze Zusammenfassung der Arbeit von höchstens 10 Zeilen, wenn möglich auch in einer anderen Sprache als der der Arbeit beizufügen.
4. Zeichnungen auf besonderen Blättern (Bleistiftausführung reicht aus) und Photographien (möglichst nur für Teil 1 und 2 der Zeitschrift) auf weißem Papier ohne Hochglanz beizufügen.
5. Abbildungsunterschriften auf einem gesonderten Blatt einzusenden.
6. Falls bezüglich der Abbildungsgröße besondere Wünsche bestehen, diese ausdrücklich auf den Abbildungen zu vermerken.
7. Literaturangaben in der Reihenfolge der Zitate — ebenfalls auf einem gesonderten Blatt — nach den Abkürzungen der Periodica Chimica oder der Physikalischen Berichte in der angegebenen Reihenfolge: Bandnummer (unterstrichen), Seitenzahl und (in Klammern) Erscheinungsjahr beizufügen.

Die Autoren erhalten für die Teile 1 und 2 der Zeitschrift zwei Fahnenabzüge übersandt. Die Korrekturen der Teile 3 und 4 werden von der Redaktion der Zeitschrift gelesen.

Von den Originalarbeiten und kurzen Mitteilungen werden den Autoren zusammen 75 Sonderdrucke kostenlos geliefert. Zusammenfassende Berichte werden honoriert. Außerdem erhalten deren Autoren je 25 Sonderdrucke kostenlos.

In the next issue, the above information will be published in English.

Bei Fragen zur Produktsicherheit wenden Sie sich bitte an:
If you have any questions regarding product safety,
please contact:

Walter de Gruyter GmbH
Genthiner Straße 13
10785 Berlin
productsafety@degruyterbrill.com